Java 程序设计开发

Java CHENGXU SHEJI KAIFA

主　编◎孙洪迪
副主编◎杨民峰　姚冠红

重庆大学出版社

内容简介

本书是编者多年教学经验的结晶,在全面介绍Java编程原理和基本概念的基础上,重点培养读者面向对象的思想及利用面向对象思想解决实际问题的能力。

本书以培养学生的职业能力为核心,以工作实践为主线,面向企业技术工程师岗位能力模型设置教材内容,建立以实际工作过程为框架的职业教育课程结构。

本书可作为高等院校计算机专业及理工科类非计算机专业的学生学习Java语言程序设计的教材,也可作为有关工程技术人员和计算机爱好者学习Java语言程序设计的参考书。

图书在版编目(CIP)数据

Java程序设计开发 / 孙洪迪主编. -- 重庆:重庆大学出版社, 2023.3

ISBN 978-7-5689-3696-5

Ⅰ.①J… Ⅱ.①孙… Ⅲ.①JAVA语言—程序设计—高等职业教育—教材 Ⅳ.①TP312.8

中国国家版本馆CIP数据核字(2023)第005675号

Java程序设计开发

主　编　孙洪迪

副主编　杨民峰　姚冠红

策划编辑:范　琪

责任编辑:付　勇　　版式设计:范　琪

责任校对:刘志刚　　责任印制:张　策

*

重庆大学出版社出版发行

出版人:饶帮华

社址:重庆市沙坪坝区大学城西路21号

邮编:401331

电话:(023)88617190　88617185(中小学)

传真:(023)88617186　88617166

网址:http://www.cqup.com.cn

邮箱:fxk@cqup.com.cn(营销中心)

全国新华书店经销

重庆市国丰印务有限责任公司印刷

*

开本:787mm×1092mm　1/16　印张:16　字数:382千

2023年3月第1版　2023年3月第1次印刷

印数:1—1 000

ISBN 978-7-5689-3696-5　定价:58.00元

FOREWORD

前言

“Java程序设计开发”是计算机程序设计的重要基础课，也是计算机网络专业重要的核心课程之一，掌握好Java程序设计已经成为网站及网络信息系统从业工作的必要条件。它对程序设计思想的建立、提升有着重要作用，既可为后续计算机课程奠定一个较为扎实的基础，又可提高学生分析问题和解决问题的能力。

本书是作者多年教学实践经验的总结，严格按照教育部关于“加强职业教育、突出实践技能和能力培养”的教学改革要求编写；全面介绍了Java程序设计开发人员应掌握的各项基础技术，内容突出“基础”“全面”“深入”的特点，同时强调“实战”效果。全书共6个开发项目，在每个项目中，通过若干个不同的开发任务，阐述了Java程序设计的相关知识点：

- 第1个项目为Java基础部分，主要包括Java开发环境搭建、Java程序结构。
- 第2个项目为Java基本语法，主要包括数据类型、变量、运算符表达式和流程结构。
- 第3个项目为JavaGUI，主要包括常用组件、布局管理和事件机制。
- 第4个项目为Java输入输出流，主要包括菜单及工具条操作、文件操作和输入输出流操作。
- 第5个项目为Java线程，主要包括线程的创建与控制。
- 第6个项目为Java网络编程，主要包括网络编程常用工具类和TCP编程。

本书以培养学生的职业能力为核心，以工作实践为主线，面向企业技术工程师岗位能力模型设置教材内容，建立以实际工作过程为框架的职业教育课程结构，着重培养学生编程应用能力，书中的每个案例实现都是完整的、可运行通过的Java程序，以便于学生通过实训项目的训练来提高学生分析问题和实际动手解决问题的能力。本书既可作为应用型本科和高职高专院校计算机专业教材，也可作为企事业单位信息化从业者的培训教材，还可作为IT创业者的学习指导用书。

本书由孙洪迪、杨民峰、姚冠红共同编写完成，全书由孙洪迪统稿。由于编者水平有限，书中难免存在不妥之处，欢迎读者对本书内容提出意见和建议。

编者

2022年10月

CONTENTS

目录

项目一　开发“战胜疫情，中国加油”程序

【项目描述】

开发一款Java程序，程序运行时，在屏幕上显示“战胜疫情，中国加油”。

【典型工作环节】

典型工作环节1　分析任务

根据项目描述，程序运行时，在屏幕上输出信息，实施步骤如下：

步骤	说明
(1)搭建Java开发环境	下载安装JDK，并配置环境变量Path
(2)安装开发工具	下载安装Eclipse软件
(3)编写代码	在Eclipse中创建Java工程，建立China.java源文件
(4)编译运行	编译China.java，运行China.class文件

典型工作环节2　收集资讯

资讯1　安装配置JDK

资讯描述

搭建Windows系统下Java开发运行环境。

实施步骤

(1)下载安装JDK软件

在开发Java应用程序前，需要搭建Java开发环境，确保计算机上安装有JDK。JDK是Java Development Kit的缩写，译为Java开发工具包，是Orcale公司提供用于开发Java应用

程序的标准开发工具包。由于Java是跨平台的,因此要选择相应平台下的JDK工具包。本书以Windows平台为例进行讲解,目前JDK最新版本是JDK19(截至该书出版时),本书所使用的JDK版本为Java SE 18,本书所有程序均在该环境下运行测试。Oracle官网下载JDK的网址如图1-1所示。

oracle.com/java/
ORACLE
Products
Industries
Resources
Customers
Partners
Developers
Events
Java
Java SE
GraalVM Enterprise
Oracle WebLogic Server
Java Card
Verrazzano
The world's most popular modern development platform
The world's most popular modern development platform, Java SE reduces costs, shortens development time, drives innovation, and improves application services as the programming language of choice for enterprise applications. Protect your Java investment with Oracle Java SE Subscription, which now includes GraalVM Enterprise and Java Management Service for free.
Download Java now
Get support

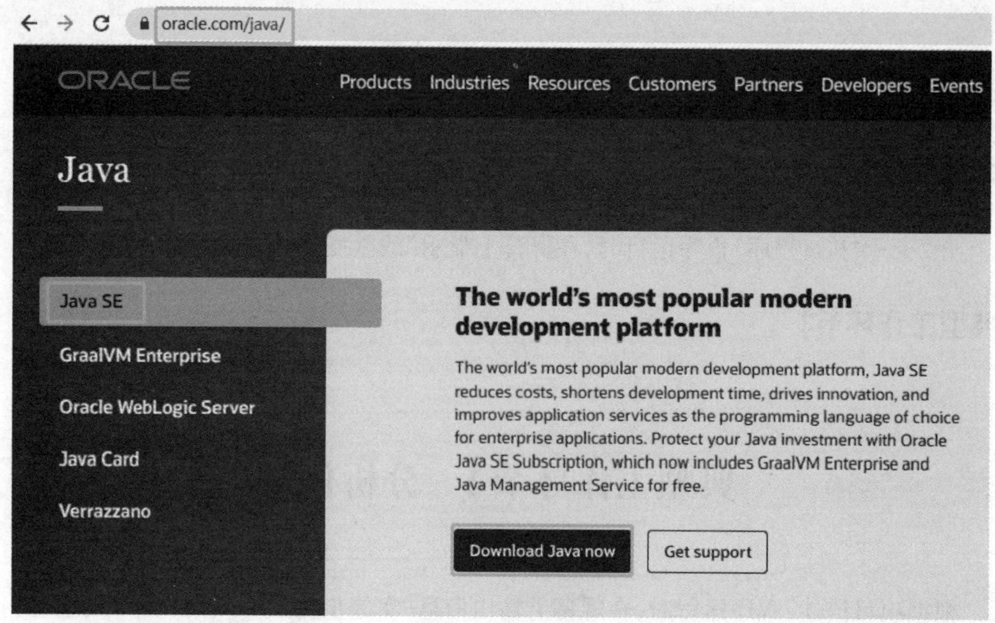

图1-1　Oracle官网

单击"Download Java now"按钮,进入下载页面,选择"Windows系统",单击"x64 Installer"按钮,下载Windows系统下的64位安装程序,如图1-2所示。下载后的安装程序如图1-3所示。

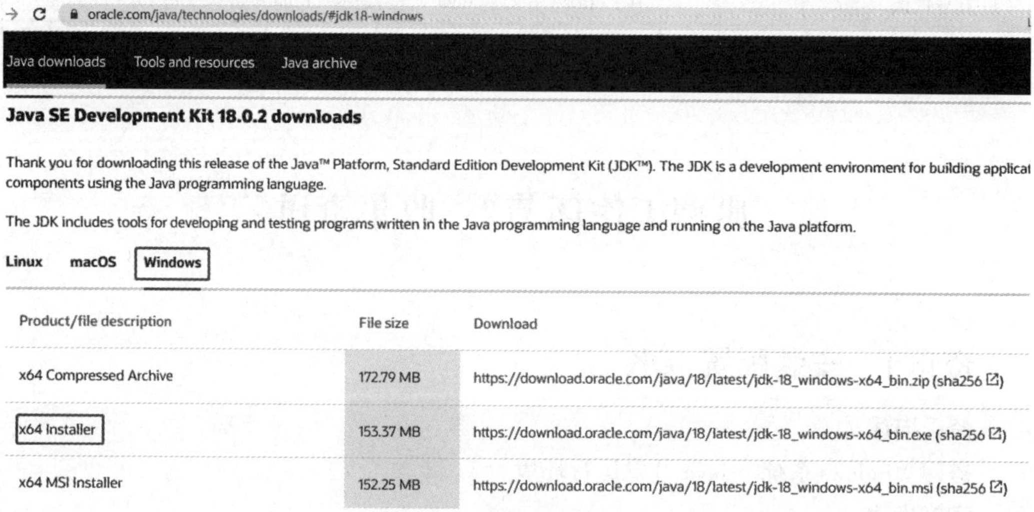

oracle.com/java/technologies/downloads/#jdk18-windows
Java downloads
Tools and resources
Java archive
Java SE Development Kit 18.0.2 downloads
Thank you for downloading this release of the Java™ Platform, Standard Edition Development Kit (JDK™). The JDK is a development environment for building applicat
components using the Java programming language.
The JDK includes tools for developing and testing programs written in the Java programming language and running on the Java platform.
Linux
macOS
Windows
Product/file description
File size
Download
x64 Compressed Archive
172.79 MB
https://download.oracle.com/java/18/latest/jdk-18_windows-x64_bin.zip (sha256)
x64 Installer
153.37 MB
https://download.oracle.com/java/18/latest/jdk-18_windows-x64_bin.exe (sha256)
x64 MSI Installer
152.25 MB
https://download.oracle.com/java/18/latest/jdk-18_windows-x64_bin.msi (sha256)

图1-2　JDK18下载页面

jdk-18_windows-x64_bin.exe

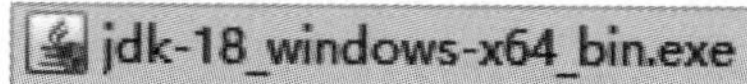

图1-3　Java SE 18安装程序

从官网下载JDK后进行安装，安装过程如下：

①双击安装文件，启动安装程序，如图1-4所示。

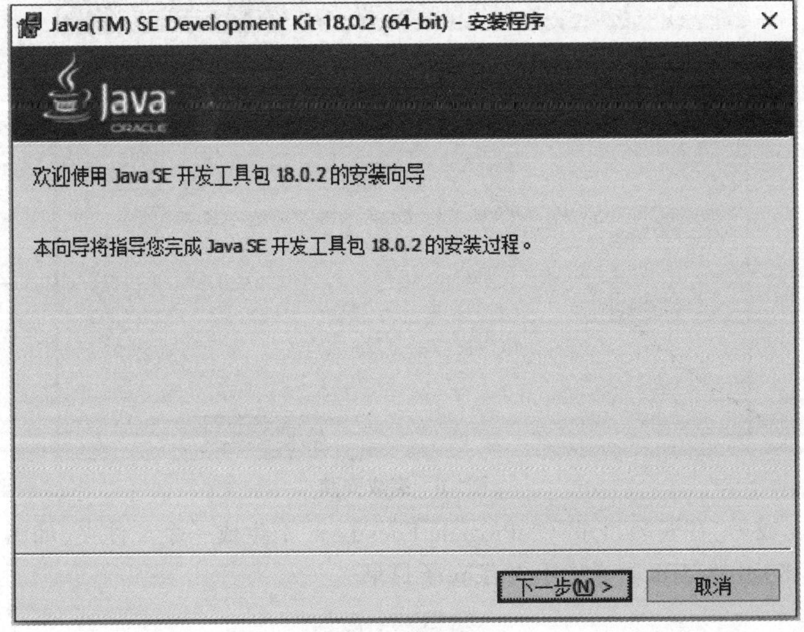

图1-4　安装界面

②单击“下一步”，选择JDK安装目录，建议使用默认安装路径，默认安装路径是“C:\Program Files\Java\jdk-18.0.2”，如图1-5所示。

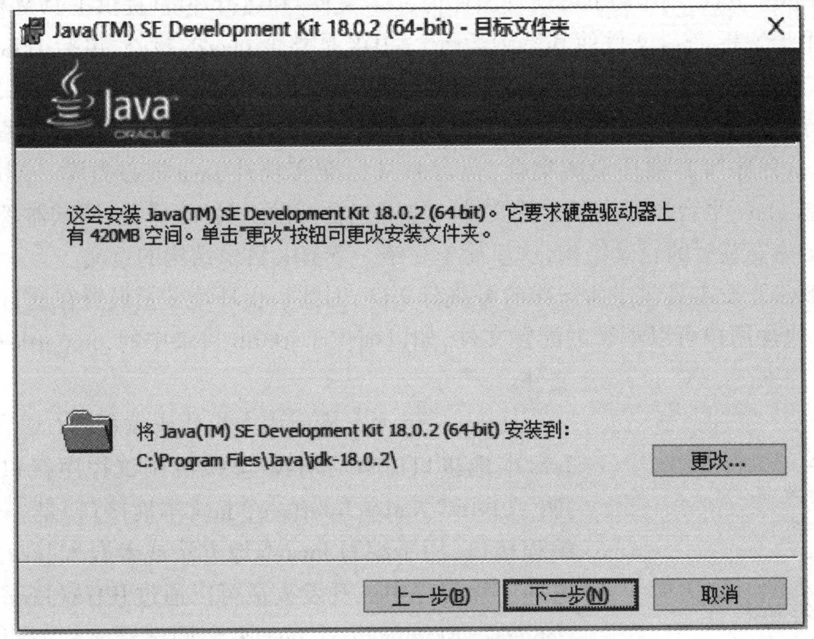

图1-5　选择JDK安装目录

③单击“下一步”，完成安装，最后单击“关闭”按钮，结束安装过程，如图1-6所示。

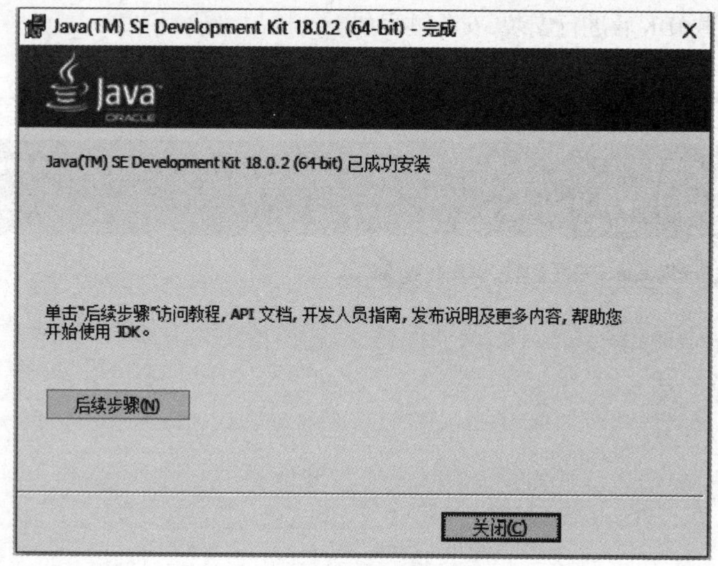

图1-6　完成安装

安装完成后，在安装目录“C:\Program Files\Java”下生成一个文件夹，如图1-7所示。注意：从JDK9开始，JDK目录中不再有jre子目录。

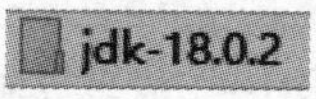

jdk-18.0.2

图1-7　安装生成目录

一台计算机要想开发Java程序，必须安装JDK。JDK提供了Java的开发环境(提供了编译器javac等工具，用于将Java文件编译为class文件)和运行环境(提供了JVM和Runtime辅助包，用于解析class文件使其得到运行)。JDK是整个Java的核心，包括了Java运行环境(JRE)，以及Java工具tools.jar和Java标准类库(rt.jar)。JRE是Java运行环境，面向Java程序的使用者，而不是开发者。如果仅下载并安装了JRE，系统只能运行Java程序。JRE是运行Java程序所必须环境的集合，包含JVM标准实现及Java核心类库。同时它包括Java虚拟机、Java平台核心类和支持文件。它不包含开发工具(编译器、调试器等)。

图1-8为安装后的目录结构，这里简单介绍一下JDK目录结构的意义。

bin：Java开发工具包中所包含的可执行文件，因此Path环境变量设置在此目录。

conf：包含用户可以编辑的配置文件，如以前位于jre\lib目录中的.properties和.policy文件。

图1-8　JDK目录结构

include：包含支持使用本机代码编程的C语言头文件，Java本地接口(JNI)和Java虚拟机调试程序接口(JPDA)。JNI：(Java™ Native Interface：Java本地接口)是一个标准的编程接口，用于编写Java本地方法或者嵌入Java虚拟机到本地应用程序中。开发人员可以通过JPDA(Java™ Platform Debugger Architecture：Java平台调试器架构)提供的API，方便灵活地搭建Java调试应用程序。JPDA主要由3个部分组成：Java虚拟机工具接口(JVM TI)、Java调试线协议(JDWP)和Java调试接口(JDI)。

jmods:包含JMOD格式的平台模块,创建自定义运行映射时需要它。

legal:包含法律声明。

lib:包含非Windows平台上动态链接的本地库,是JDK使用的文件,如tools.jar:JDK的非核心工具支撑类;dt.jar:告诉IDE设计时存档如何显示Java组件以及如何让开发者自定义他们的应用程序;ant-javafx.jar:包含Ant,用于打包JavaFX应用程序。

(2)配置环境变量

对于Java程序开发而言,主要使用JDK的两个命令:javac.exe和java.exe。但是由于这些命令不属于Windows自己的命令,因此要想使用,就需要进行路径配置。下面以Windows 10系统为例进行环境变量的配置。

①用鼠标右键单击“计算机”图标,在弹出的菜单中选择“属性”,如图1-9所示。

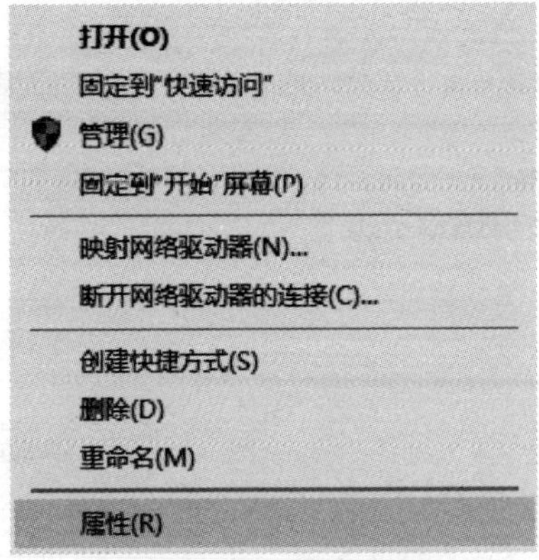

图1-9　打开计算机属性

②在弹出的对话框中,选择高级系统设置,如图1-10所示。

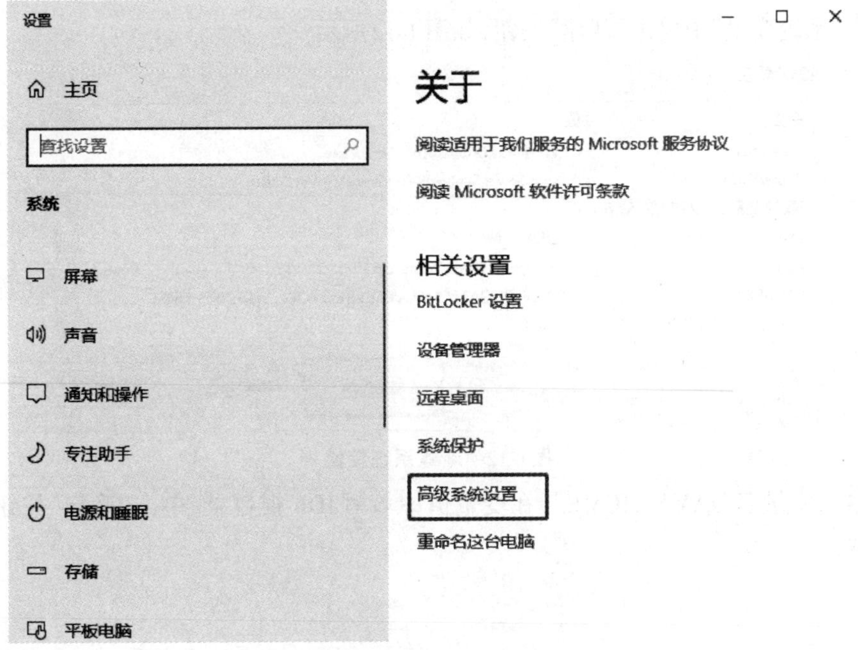

图1-10　选择高级系统设置

③在弹出的对话框中单击“环境变量”按钮，如图1-11所示。

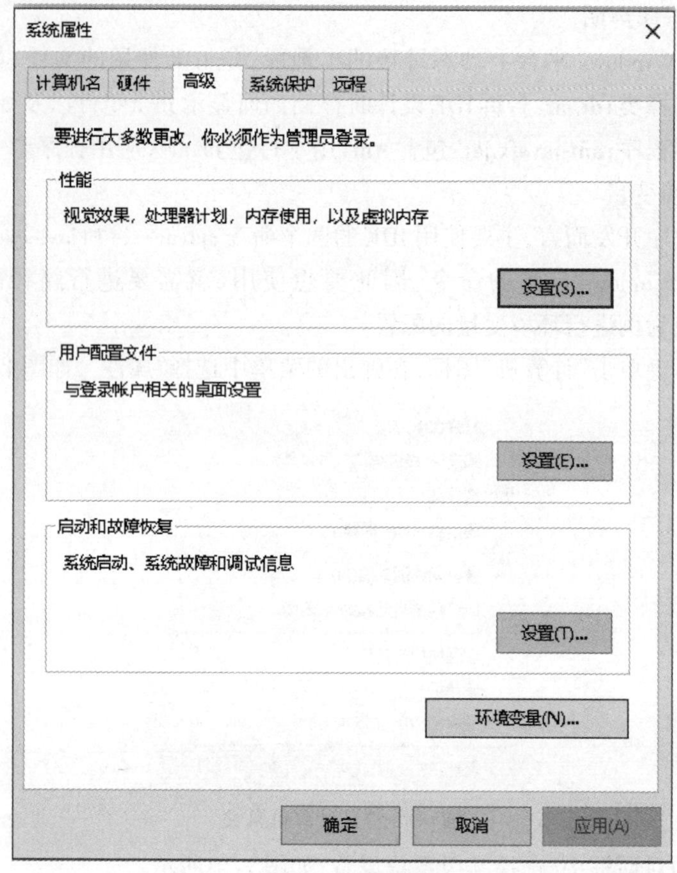

图1-11　环境变量

④在“系统变量”中单击“新建”按钮，如图1-12所示。

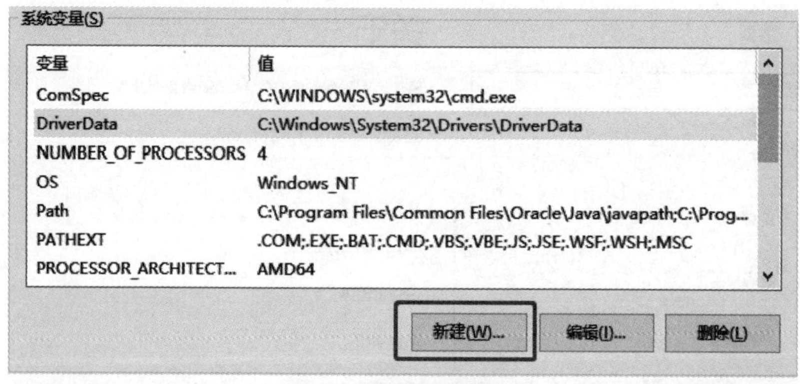

图1-12　新建系统变量

⑤输入变量名“JAVA_HOME”，在变量值中填写JDK根目录，单击“确定”按钮，如图1-13所示。

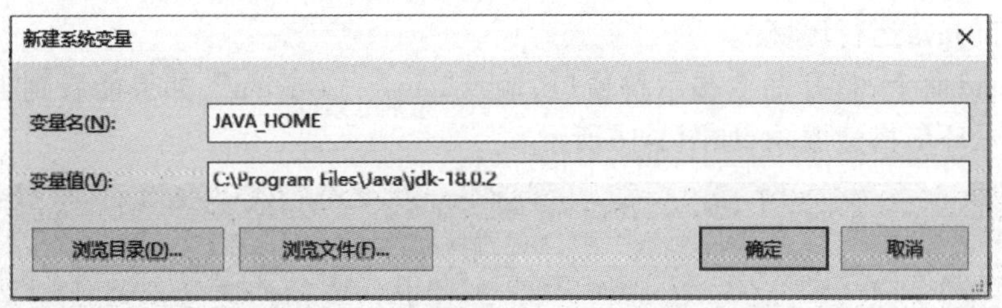

图1-13　新建JAVA_HOME系统变量

⑥选中系统变量“Path”，单击“编辑”按钮，如图1-14所示。

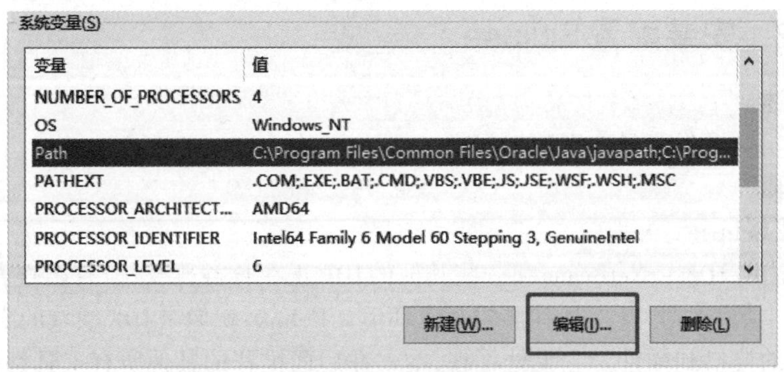

图1-14　编辑系统变量Path

⑦在编辑环境变量窗口中单击“新建”按钮，输入“%JAVA_HOME%\bin”，然后单击“上移”按钮，使新建项移动到最顶端，单击“确定”按钮保存配置信息即可，如图1-15所示。

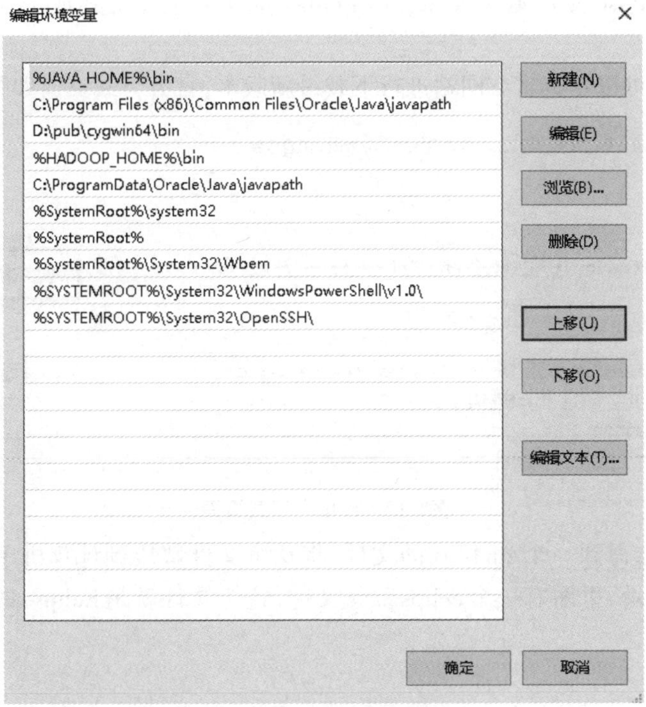

编辑环境变量

%JAVA_HOME%\bin
C:\Program Files (x86)\Common Files\Oracle\Java\javapath
D:\pub\cygwin64\bin
%HADOOP_HOME%\bin
C:\ProgramData\Oracle\Java\javapath
%SystemRoot%\system32
%SystemRoot%
%SystemRoot%\System32\Wbem
%SYSTEMROOT%\System32\WindowsPowerShell\v1.0\
%SYSTEMROOT%\System32\OpenSSH\

新建(N)　编辑(E)　浏览(B)...　删除(D)　上移(U)　下移(O)　编辑文本(T)...

确定　取消

图1-15　移动到最前端

(3)测试Java运行环境

运行cmd命令,打开命令提示符窗口,输入“java -version”,如果能看到当前JDK版本信息,表示环境搭建成功,如图1-16所示。

```
C:\Users\dell>java -version
java version "18.0.2" 2022-07-19
Java(TM) SE Runtime Environment (build 18.0.2+9-61)
Java HotSpot(TM) 64-Bit Server VM (build 18.0.2+9-61, mixed mode, sharing)
```

图1-16 测试Java环境

资讯2 安装配置Eclipse

资讯描述

掌握Eclipse开发工具的安装与配置。

实施步骤

(1)下载Eclipse

尽管IntelliJ IDEA、NetBeans和一些其他的IDE正在日益普及,但有调查表明,Eclipse仍然是几乎半数Java开发人员首选的开发环境。Eclipse就像是IDE领域的瑞士军刀,有着大量定制的接口和插件。它无处不在,本书在后面推荐的其他所有工具都提供Eclipse插件。

Eclipse的工作流程可分为3个方面:工作台、工作空间和视角。工作台作为到IDE的出发点。工作空间将项目、文件和配置设置组合在一个单独的目录下。视角定义工具、视图和有效设置。虽然作为开发人员的新手可能会觉得相比Netbeans和IntelliJ IDEA,Eclipse使用起来更难,但Eclipse的灵活性,使其成为企业开发的首选IDE。

Eclipse工具可以在其官方网站进行下载最新版本,官方下载页面如图1-17所示。

图1-17 Eclipse下载页面

下载之后,会得到一个zip格式的文件,将这个文件解压到计算机中的任意一目录,然后打开这个目录,里面有一个eclipse.exe文件,这个文件就是Eclipse的运行程序,如图1-18所示。

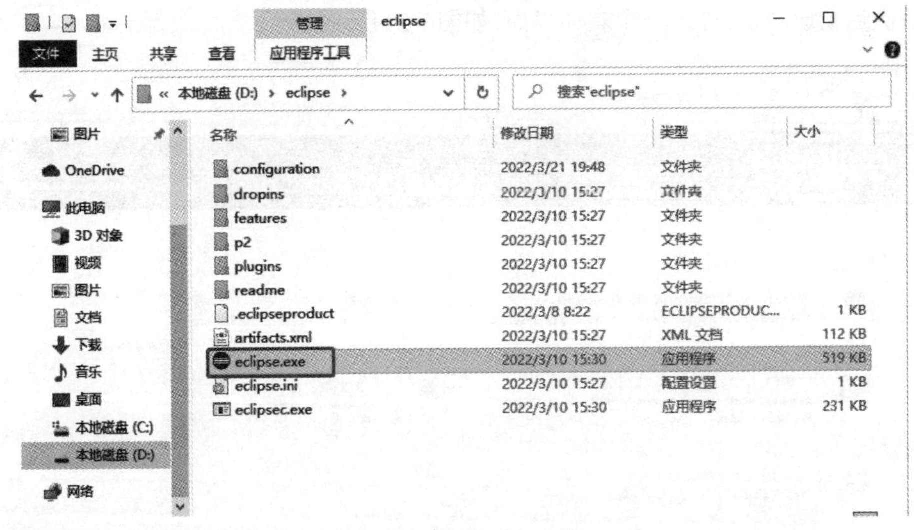

图1-18　解压Eclipse软件

(2)运行配置工作区

双击eclipse.exe文件，就可以启动Eclipse了，启动界面如图1-19所示。

图1-19　启动界面

接着程序会显示一个工作空间的对话框，工作空间用来存放项目文件，这里可以使用程序的默认值，单击确定即可，当然也可以重新选择一个文件夹来存放文件，单击浏览，即可重新指定项目文件存放的工作区，如图1-20所示。

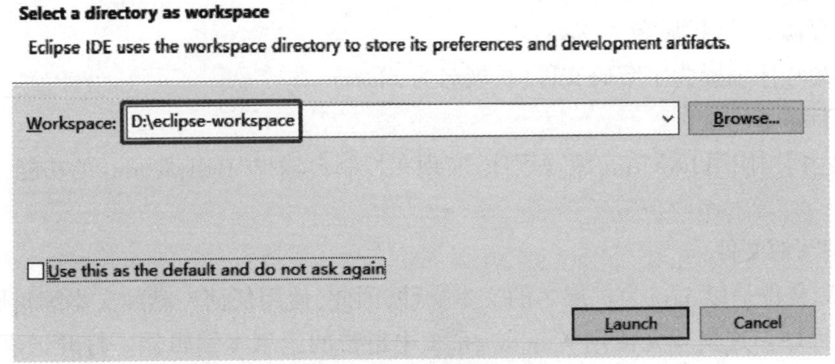

图1-20　设置工作区

首次启动成功，会进入一个欢迎界面，如图1-21所示。

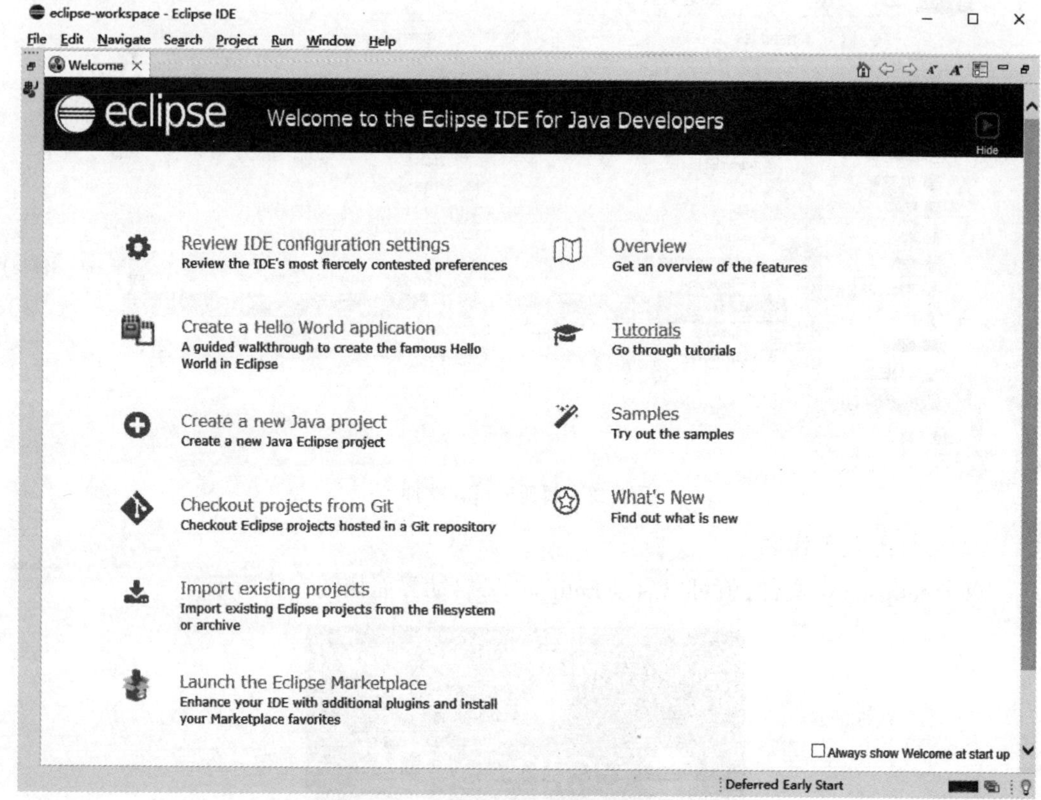

图1-21　欢迎界面

资讯3　使用记事本编写并运行Java程序

资讯描述

使用记事本首先编写一个简单的Java入门程序HelloWorld.java，然后使用javac编译命令进行编译，最后使用java命令运行该程序。

实施步骤

开发一个Java程序分为4步，具体如下：

①创建Java源程序。

②保存源文件(扩展名为.java)。

③将源程序编译为字节码文件(扩展名为.class)。

④执行字节码文件。

【例1_1】 使用Java语言编写程序，实现在控制台输出"HelloWorld"的功能。

步骤：

(1)编写源文件

Java源文件是以.java为扩展名的文本文件，因此，使用任何一款纯文本编辑器都可以编写Java程序。这里就先使用Windows系统中自带的记事本编辑器。打开记事本，在编辑区录入以下代码，实现在控制台输出"HelloWorld"的功能，如图1-22所示。

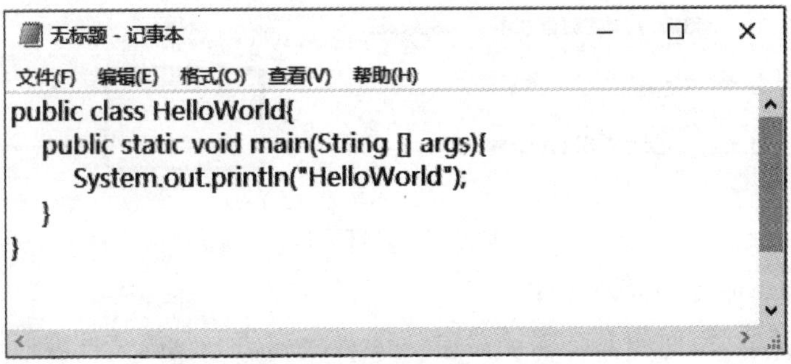

```
public class HelloWorld{
    public static void main(String [] args){
        System.out.println("HelloWorld");
    }
}
```

图1-22　使用记事本编写HelloWorld程序

下面简单解释一下以上代码。

```
public class HelloWorld
```

这里创建了一个类，类名是HelloWorld，注意：类名必须和文件名一致。

```
public static void main(String [] args)
```

这里声明了一个静态的main方法，该方法是Java应用程序运行的入口方法，为固定写法。

```
System.out.println("HelloWorld");
```

这条语句实现向控制台输出HelloWorld字符串，程序指令以英文分号“;”为结束标志。

(2)保存Java源文件

编写完源文件代码后，需要保存扩展名为.java的文本文件。在文件列表中选择“另存为”，在弹出的保存对话框中，保存类型项选择为所有文件，文件名录入为“HelloWorld.java”，编码项选择为“ANSI”，最后单击“保存”按钮，即一个Java程序就完成了，如图1-23所示。保存后的文件类型注意是JAVA类型，如图1-24所示。

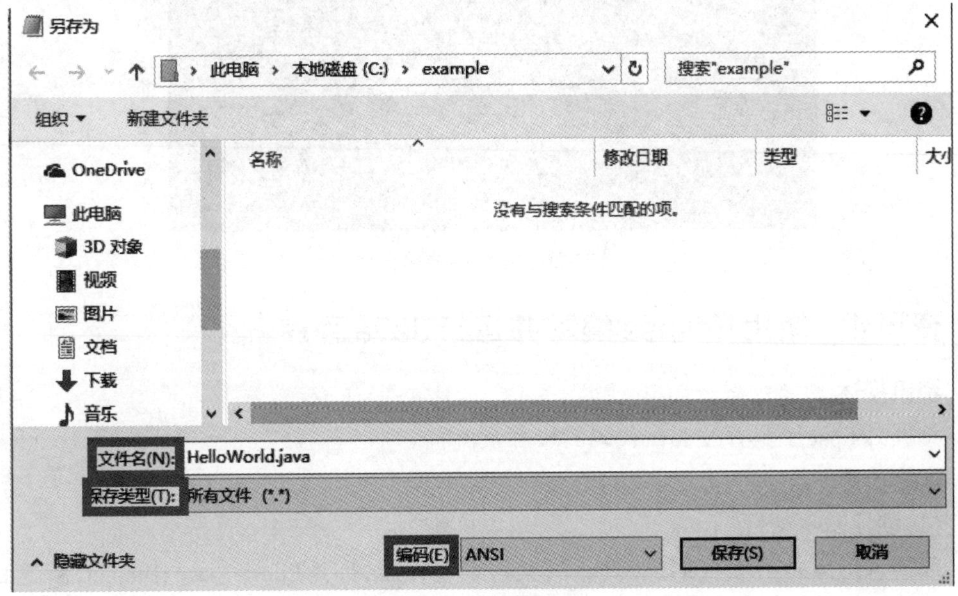

图1-23　保存源文件

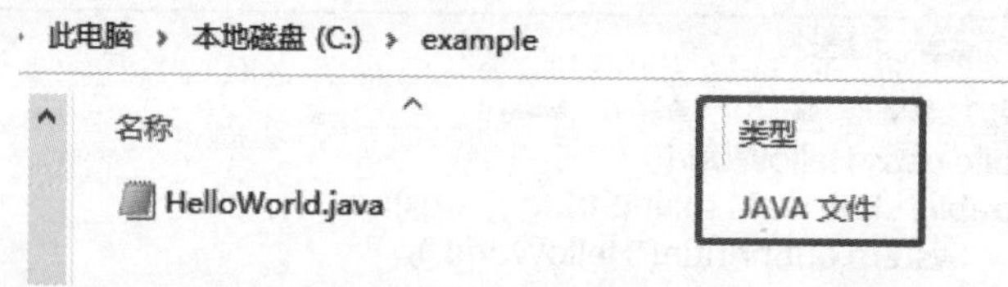

图1-24　文件类型

(3)使用javac命令编译源文件

打开命令提示符,使用Java编译器命令javac.exe,将Java源文件编译成字节码文件,如图1-25所示。编译后会在C盘的example目录下生成HelloWorld.class字节码文件,字节码文件是不允许修改的,如果要修改,只能是通过修改源文件,重新生成新的字节码文件。

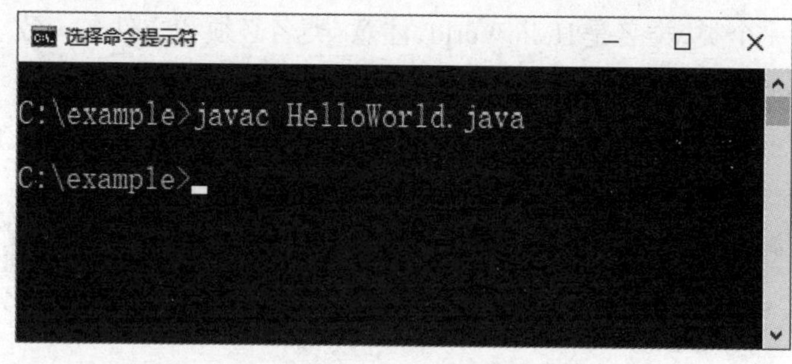

图1-25　编译源文件

(4)运行字节码文件

在命令提示符中使用Java解释器命令java.exe,运行HelloWorld字节码文件,显示Java程序的运行结果,如图1-26所示。

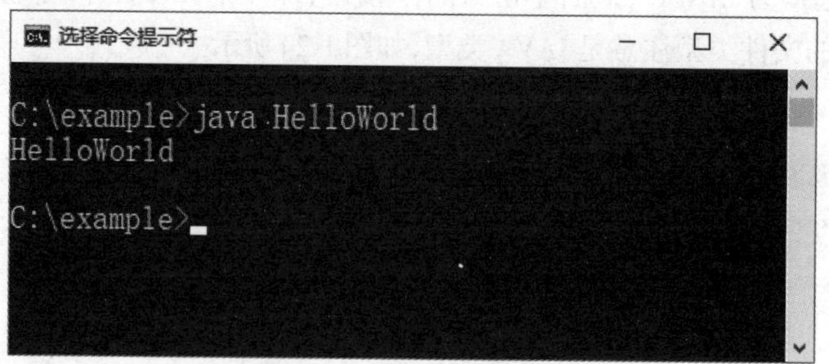

图1-26　运行字节码文件

资讯4　使用Eclipse编写并运行Java程序

资讯描述

掌握Eclipse工具开发Java代码的步骤及流程。

实施步骤

(1)创建Java项目

双击eclipse.exe文件,启动Eclipse,关闭欢迎界面,打开File→New→Project,新建Java项目,然后选择Java Project,如图1-27所示。

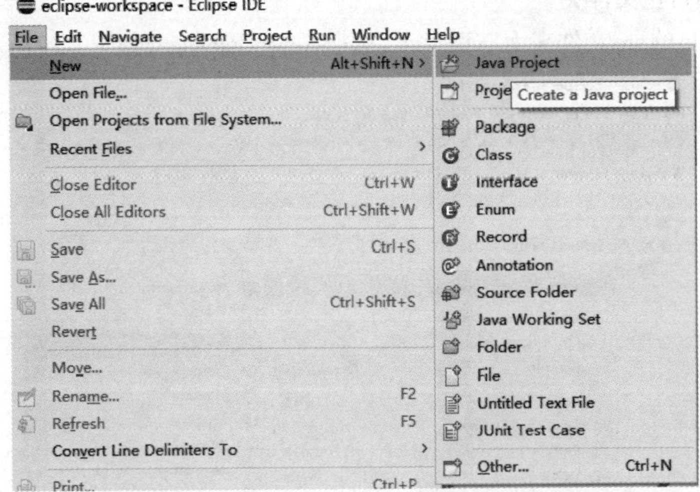

图1-27　新建Java项目

Project name处填入项目名称，注意项目名称通常采用英文小写的命名方式，单击“Finish”即可，如图1-28所示。

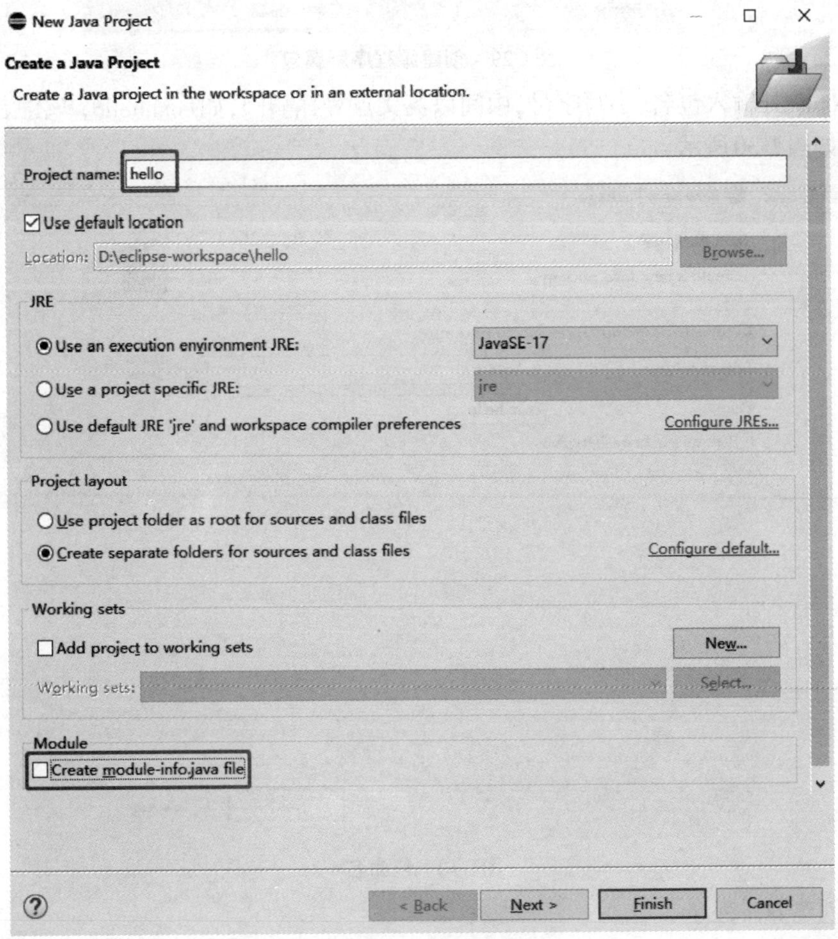

图1-28　项目命名

(2)创建项目包文件夹

在工程hello的src文件夹上右键单击,选择New→Package,如图1-29所示。

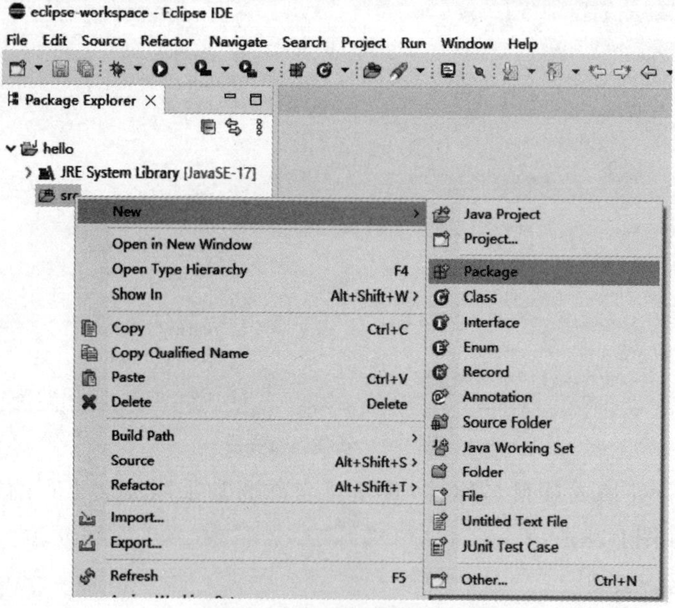

图1-29 创建源程序所属包

在Name处输入包名(小写字母,中间以英文点号.隔开),如com.hello,单击"Finish"按钮即可,如图1-30所示。

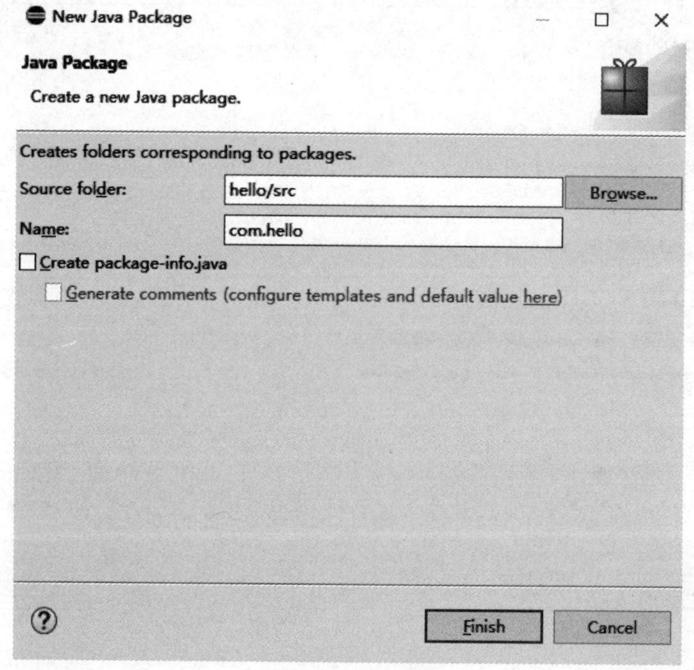

图1-30 包命名

(3)创建Java程序

在包名上右键单击,选择New→Class,创建Java类文件,如图1-31所示。

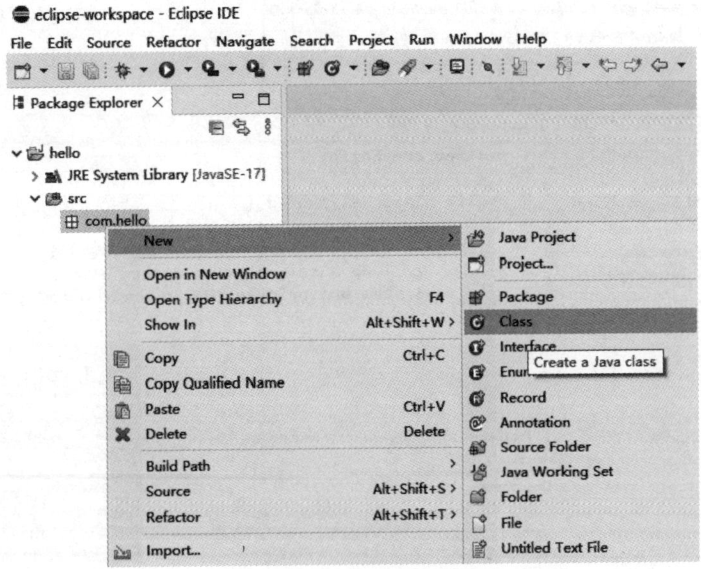

图1-31　创建源文件

在Name处输入类名,如“HelloWorld”,勾选public static void main(String [ ] args),单击“Finish”按钮,如图1-32所示。在程序编辑区编写输出语句“System.out.println("Hello World Java");”至此,一个可以运行的Java程序就生成了,如图1-33所示。

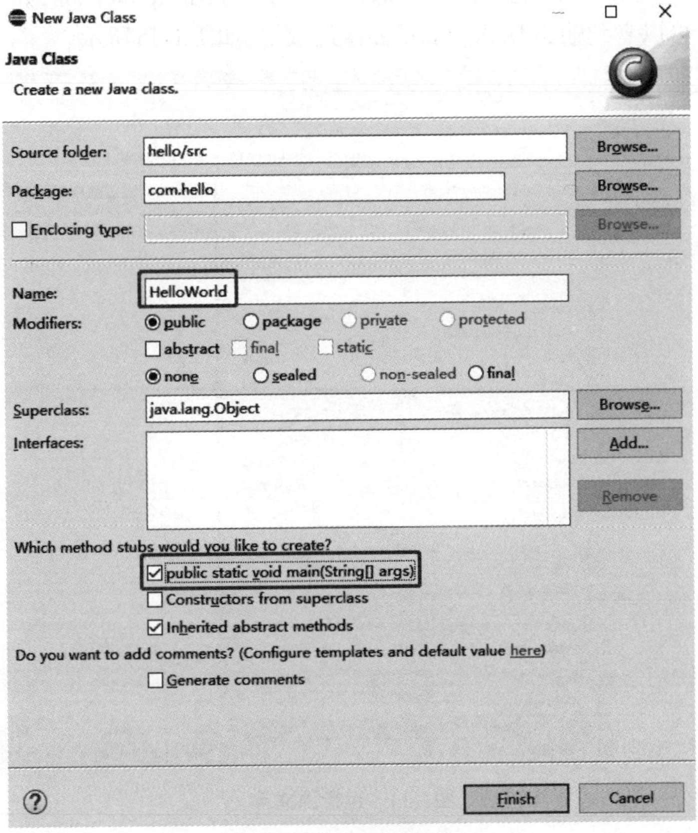

图1-32　源文件命名

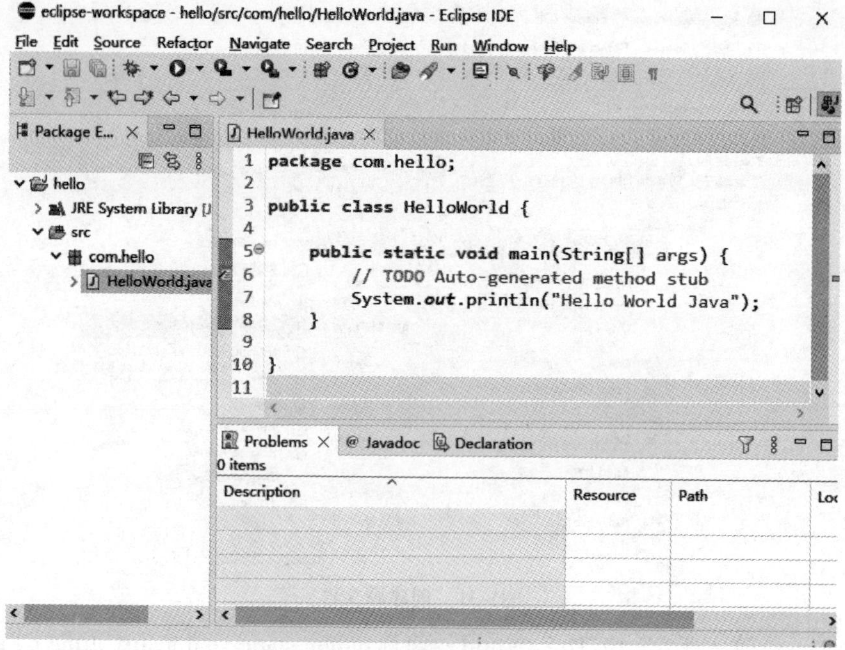

图1-33　编写源文件

(4)运行Java程序

运行Java程序,在程序上右键单击,选择Run As→Java Application,如图1-34所示,在Console控制台可以看到输出Hello World Java的效果,如图1-35所示。

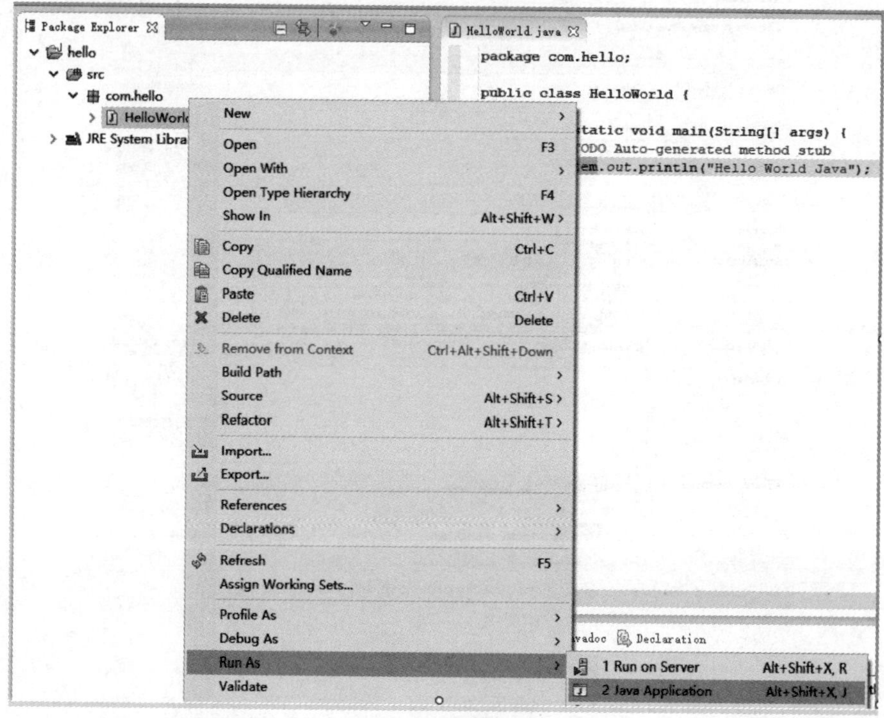

图1-34　运行源文件

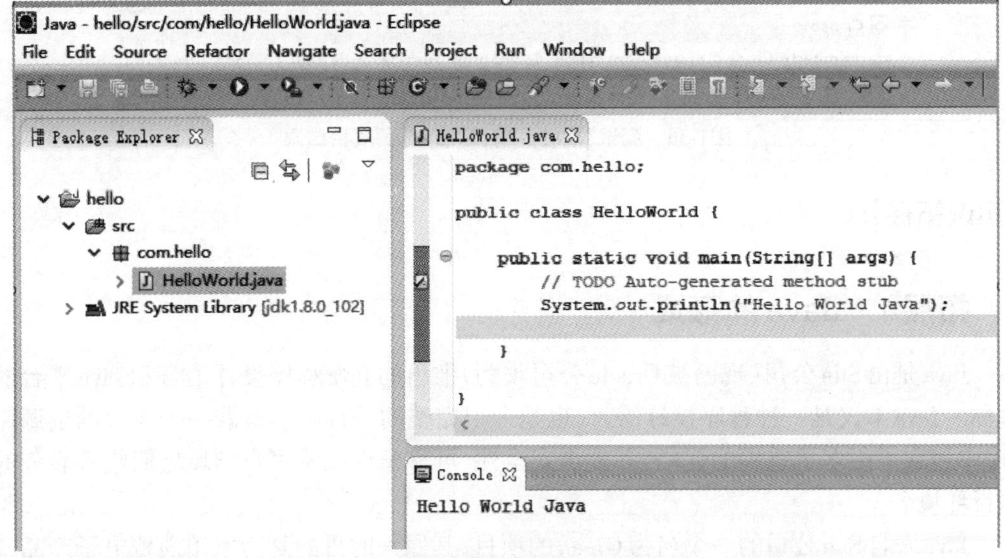

图1-35 运行源文件

典型工作环节3 实现功能

任务1 关键算法与技术实现

该项目结构简单，只需要调用语句“System.out.println("战胜疫情，中国加油");”输出该字符串信息即可。

任务2 项目代码示例

China.java

```
public class China{
    public static void main(String[] args) {
        System.out.println("战胜疫情，中国加油");
    }
}
```

典型工作环节4 测试项目

使用Eclipse软件，打开“战胜疫情，中国加油”项目文件，执行该程序，项目代码运行正确，运行效果如图1-36所示。

图1-36 测试“战胜疫情，加油中国”项目结果

【知识拓展】

拓展1 Java的形成

Java是由Sun公司(现已被Oracle公司收购)推出的Java程序设计语言和Java平台的总称。Java不仅是一种程序设计语言，也是一个完整的平台。它有着一个庞大的资源库(库中包含了很多可重用的代码)和提供安全性、可移植性以及可自动垃圾回收等服务的执行环境。

Java来自Sun公司的一个名为Green的项目，其原来的目的是为家用消费电子产品开发一个分布式代码系统，这样人们可以把E-mail发给电冰箱、电视机等家用电器，对它们进行控制以及与它们进行信息交流。项目开始时准备采用C++，但C++太复杂且安全性差。最后Sun公司基于C++开发一种新的语言Oak(Java的前身)，Oak是一种用于网络的精巧而安全的语言。Sun公司曾用Oak投标一个交互式电视项目，但是被SGI打败。使得Oak几乎无用武之地，恰巧这时Mark Ardreesen开发的Mosaic和Netscape启发了Oak项目组成员，他们用Java编制了HotJava浏览器，得到了Sun公司首席执行官Scott McNealy的支持，触发了Java进军Internet。

Java的取名也有一些趣闻，由于Oak名称已经被注册，不能再使用了。但有一天，几位Java成员组的会员正在讨论给这个新的语言取什么名字，当时他们正在咖啡馆喝着Java(爪哇)咖啡，有一个人灵机一动说就叫Java怎样，得到了其他人的赞同，于是，Java这个名字就这样传开了。

拓展2 Java发展历史

Java是由Sun公司于1995年5月推出的Java面向对象程序设计语言和Java平台的总称。由James Gosling和同事们共同研发，并在1995年正式推出。2009年4月20日，Oracle公司宣布正式以74亿美元的价格收购Sun公司，Java商标从此正式归Oracle所有(Java语言本身并不属于哪间公司所有，它由JCP组织进行管理，尽管JCP主要是由Sun公司或者说Oracle公司所领导的)。JDK历史版本的发布时间见表1-1。

表1-1 Java发展历史

版本	描述
1995年3月	在SunWorld大会，Sun公司正式介绍了Java和HotJava
1996年1月	JDK1.0发布
1997年2月	J2SE 1.1发布
1998年12月	J2SE 1.2发布

续表

版本	描述
1999年6月	发布Java的3个版本：J2SE、J2EE、J2ME
2000年5月	J2SE 1.3发布
2001年9月	J2EE 1.3发布
2002年2月	J2SE 1.4发布
2004年9月	J2SE 1.5发布，将J2SE 1.5改名Java SE 5.0
2005年6月	Java SE 6.0发布，J2EE更名为Java EE，J2SE更名为Java SE，J2ME更名为Java ME
2006年12月	JRE 6.0发布
2006年12月	Java SE 6发布
2009年12月	Java EE 6发布
2009年4月	Oracle收购Sun
2011年7月	Java SE 7发布
2014年3月	Java SE 8发布
2017年9月	Java SE 9发布
2018年3月	Java SE 10发布
2018年9月	Java SE 11发布
2019年3月	Java SE 12发布
2019年9月	Java SE 13发布
2021年9月	Java SE 17发布
2022年3月	Java SE 18发布

拓展3　Java语言跨平台特性

Java是可以跨平台的编程语言，所谓平台主要指的就是操作系统。操作系统是充当用户和计算机之间交互的界面软件，不同的操作系统支持不同的CPU，严格意义上说是不同的操作系统支持不同CPU的指令集。例如，Windows和Linux都支持Intel和AMD的复杂指令集，但并不支持PowerPC所使用的精简指令集，而早期的Mac电脑使用的是PowerPC处理器，所以也就无法在Mac下直接安装Windows，直到2005年Mac改用了Internet的CPU，才使在Mac下安装Windows成为可能。但问题来了，原来的Mac操作系统也只支持PowerPC，在Internet上也不能安装，怎么办？所以苹果公司也得重写自己的Mac操作系统以支持这种变化。总而言之，不同的操作系统支持不同的CPU指令集，因此，为了使应用程序能在不同的操作系统上运行，必须多次编译，编译为该操作系统识别的机器指令集。

Java的平台无关性是因为Java编写的程序不是直接编译成机器语言，而是编译为中间语言，再由解释器二次编译，解释执行，这样就实现了“一次编辑，到处运行”，图1-37是

Java跨平台原理表示图。

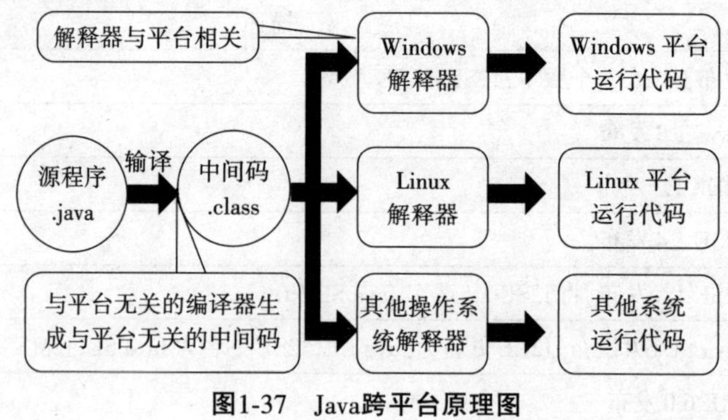

图1-37　Java跨平台原理图

项目二　开发猜数字小游戏

【项目描述】

开发一款Java小游戏，游戏运行时，随机产生一个10以内的整数，玩家要猜测这个数的大小，猜中为胜，猜错，游戏要提示玩家是猜大了还是猜小了，玩家继续猜数字，直至猜对时游戏结束。

【典型工作环节】

典型工作环节1　分析任务

根据项目描述，项目实现采用控制台界面，按功能可拆分为下列几个模块：

模块	说明
用户操作提示模块	游戏开始时，提示用户游戏的玩法
随机数生成模块	计算机随机产生一个1~10的随机数
输入模块	接收玩家输入的数字
判断模块	对玩家输入的数字进行判断和提示。如果玩家输入的不是系统要求的数字，系统将提示玩家输入的不是数字请重新输入。如果玩家输入的数字与随机生成数相比较，比随机生成数小，系统提示数字太小请您重新输入；如果玩家输入的数字与随机生成数相比较，比随机生成数大，系统提示数字太大请您重新输入
自动计数模块	系统根据猜数字的次数，自动计数
结果输出模块	直到用户猜到数字为止，提示信息是否继续猜数字，如果继续，将进入下一次游戏；如果退出，则将退出游戏系统

典型工作环节2　收集资讯

资讯1　输出学生基本信息

资讯描述

学生李磊的个人信息如下：

姓名：李磊；性别：男；年龄：18；Java成绩：90.2；英语成绩：88.5。

现在需要把该学生信息存储到Java程序中，并在控制台输出，运行效果如图2-1所示。

图2-1　输出学生信息运行效果

资讯分析

把李磊的成绩等相关信息存储到Java程序中，首先需要定义好接收这些数据的变量，然后采用直接赋值的方式把数据存放到变量中，最后格式化输出这些变量值。

相关知识

Java语言不采用通常计算机语言系统所使用的ASCII代码集，而是采用更为国际化的Unicode字符集。在这种字符集中，每个字符用两个字节（即16位）表示。这样，整个字符集中共包含65 535个字符。其中，前面256个字符表示ASCII码，使Java对ASCII码有兼容性；后面21 000个字符用来表示汉字等非拉丁字符。但Unicode只能用在Java平台内部，当涉及打印、屏幕显示、键盘输入等外部操作时，仍由计算机的具体操作系统决定其表示方式。

（1）Java标识符

标识符是用来表示常量、变量、标号、方法、类、接口以及包的名字。用户都必须为自己程序中的每一个成分取唯一的名字（标识符）。在Java语言中对标识符的定义有如下规定：

①标识符的长度不限。但在实际命名时不宜过长，过长会增加录入的工作量。

②标识符可以有字母、数字、下画线“_”和美元符号“$”组成，但必须以字母、下画线或美元符号开头。

③标识符中同一个字符的大写或小写被认为是不同的标识符，即标识符区分字母的大小写。例如，A1_A和a1_a是两个不同的标识符。

④通常标识符开头或标识符出现的每个单词的首字母通常大写，其余字母小写，如setArea。

（2）关键字

Java关键字（也称为保留字）是指那些具有特定含义和专门用途的单词，它们不能被用作标识符。Java关键字共计53个（Java的官方文档认为字面常量true、false和null不是关键字，因此官方认定的关键字是50个）。按其作用可分为以下几类（表2-1）。

表2-1　Java关键字

关键字分类	关键字数量	关键字列表
数据类型	9	boolean、byte、char、short、int、long、float、double、void
字面常量	3	true、false、null
流程控制	11	if、else、switch、case、default、break、do、while、for、continue、return
访问范围修饰	3	private、protected、public
其他修饰	7	final、abstract、static、synchronized、transient、native、volatile
类、接口和包	6	class、interface、extends、implements、package、import
对象相关	4	new、this、super、instanceof
异常处理	5	try、catch、finally、throw、throws
保留不用	2	goto、const

(3)分隔符

Java语言的分隔符用于分隔标识符和关键字共6种,即空格、句号、分号、圆括号、方括号和花括号,其名称及说明见表2-2。

表2-2　分隔符

分隔符名称	说明
空格( )	这里指广义的空格(即白字符),包括空格、换行、制表符等
句号(.)	半角的英文句点,用于方法或变量的引用
分号(;)	表示一条语句的结束,一般一条语句占一行,一行写不下可以占多行
圆括号(())	一般用在表达式、方法的参数和控制语句的条件表达式中
方括号([ ])	用于声明数组,引用数组的元素值
花括号({ })	用于定义一个语句块,一个语句块是零条或多条语句

(4)注释

注释是程序中的说明性文字,是程序的非执行部分。在程序中加注释的目的是使程序更加易读易理解,有助于修饰程序以及方便他人阅读。程序(软件)的易读性和易理解性是软件质量评价的重要指标之一,程序中的注释对于学术交流和软件的维护具有重要的作用。Java语言中使用如下3种方式给程序加注释:

①//注释内容。表示从"//"开头,直到此行末尾均为注释。

例如://定义变量

②/*注释内容*/。表示从"/*"开头,直到"*/"结束均作为注释,可占多行。

例如:

/*定义类

定义变量*/

③/**注释内容*/。表示从"/**"开头,直到"*/"结束均作为注释,可占多行。

例如：
/**定义类
定义方法
定义变量*/

(5)常量

常量是指在程序运行过程中其值不变的量。

1)字面常量

常量在表达式中用文字串表示，它区分不同类型，如整型常量123、-15，实型常量12.1，字符常量'a'，布尔常量true，字符串类型常量"Java"。

2)符号常量

符号常量是字面常量的别名，用Java标识符表示。声明符号常量的一般格式如下：

final 数据类型 符号常量名=常量值；

例如：final double PI=3.14159；

数据类型：可以是任意的数据类型。

符号常量名：常量的名字。

常量值：与数据类型匹配的常量值。

关键字final的含义是最终，即不能被修改的。

(6)变量

1)变量类型

变量是程序在运算过程中可以被修改的量。声明变量的一般格式如下：

[变量修饰符] 数据类型 变量名 [=初始值]；

例如：double x=1.23；

变量修饰符：修饰符后面章节会详细描述。

数据类型：可以是任意的数据类型。

变量名：变量的名字。

初始值：与数据类型匹配的值。

2)变量的作用域

变量的作用域是指什么范围的程序可以访问该变量。每一个变量都有其作用域范围。变量说明的位置及其修饰符就是确定了其作用域。一个域在Java程序中用"{"和"}"来界定，它可以是类体、方法体和复合语句。变量在其作用域内不能重名。

局部变量是方法体内说明的变量，按局部变量说明的位置，它的作用域可以是整个说明的方法体，也可以是方法体内的一程序段。

(7)基本数据类型

Java的基本数据类型有4种，见表2-3。这4种类型为整型、浮点型、字符型和布尔型。

表2-3 Java基本数据类型

类型名称	值的类型	占用内存空间	数值范围	缺省值
byte(字节型)	整数	1字节	-128~127	0

续表

类型名称	值的类型	占用内存空间	数值范围	缺省值
short(短整形)	整数	2字节	-32 768 ~ 32 767	0
int(整型)	整数	4字节	-2 147 483 648 ~ 2 147 483 647	0
long(长整型)	整数	8字节	-9 223 372 036 845 775 808 ~ 9 223 372 036 845 775 807	0
float(单精度)	浮点数	4字节	±3.402 834 7E + 38 ~ ±1.402 398 46E - 45	0.0f
double(双精度)	浮点数	8字节	±1.797 693 134 862 315 70E + 308~ 4.940 656 458 412 465 44E - 324	0.0d
char(字符型)	单个字符	2字节	从0~65 535的所有Unicode字符	\u0000
boolean(布尔型)	—	1字节	true或false	false

由于字符型较其他类型在使用的过程中复杂,在此做一些特别的讲解。

在Java中,一个char代表一个16位无符号的(不分正负的)Unicode字符,占2个字节。一个char常量必须包含在单引号内(' '),如:

char c='a'; //指定变量c为char型,且赋初值为'a'。

1)整型

整型是那些没有小数部分的数据类型,它分为下列不同的整数数据类型:byte、short、int和long。这些不同整数数据类型的意义在于它们所需的内存空间大小不同,这也确定了它们所能表示的数值的范围不同。

采用不同的整数类型表达同一数值,在存储单元中的存储情况是不同的。图2-2表示数值10的不同数据类型的存储形式。

00001010	byte							
00000000	00001010	short						
00000000	00000000	00000000	00001010	int				
00000000	00000000	00000000	00000000	00000000	00000000	00000000	00001010	long

图2-2　数值10的不同数据类型的存储形式

①整型常量:有3种表示方式,最常用的是十进制数(无前缀),也可以用八进制数(前缀为0)和十六进制数(前缀为0x或0X)。因此12、012和0x12这3个整型常量的值是互不相同的。

②整型变量:byte、short型不太常用,通常在内存容量有限的设备上使用。int型是最为常用的,但如果要表示地球上的人数(20亿以上的整数)这样大的数据,则要用到长整数。例如:

```
long person=7000000000L;
```

2）浮点型

浮点型是带有小数部分的数据类型，也叫实型。Java包括两种不同的实型：float和double。两种浮点数据类型间的唯一区别是所占内存的大小不同。

Java缺省的浮点型是double型，如果要表示float型，要在数字后加后缀F或f；如果要表示double型，也可以在数字后面加后缀D或d。

①浮点型常量有两种表示方法，最常用的是小数表示法，用十进制数的形式表示，由数字和小数点组成，必须包含小数点，如123.45；另一种是科学技术法，如1.2345E2，它表示1.2345×10^2。

②浮点型变量分为两种，即单精度浮点型float和双精度浮点型double。double比float的精度更高，可以表示的数据范围更大。例如：

```
float  f=3.1415927F;
double d=3.14159265358797;
```

3）布尔型

①布尔型常量只有两个，即true和false。它们也是Java关键字。

②布尔型变量是boolean，取值只能是true和false。并且不能与整形或其他类型转换。布尔型变量的默认值是false。

4）字符型

Java的字符使用16位的Unicode编码表示，它可以支持世界上所有语言。一般计算机语言通常使用ASCII码，用8位表示一个字符。ASCII码是Unicode码的一个子集，Unicode表示ASCII码时，其高字节为0，它是前255个字符。Unicode字符通常用十六进制表示。例如“\u0000”~“\u00ff”表示ASCII码集。“\u”表示转义字符，它用来表示其后4个十六进制数字是Unicode代码。

①字符型常量：就是用两个单引号括起来的一个字符。例如：′A′、′a′、′3′、“ ”，这里′A′和′a′分别表示大写字符“A”（其ASCII码值为65）及小写字符“a”（其ASCII码的值为97），即作为字符数据是要区分大小写的。′3′是字符“3”（其ASCII码值为51），而不是整数3。空格也是一个字符。

Java允许使用一种特殊形式的字符常量值，表示一些难以用一般字符来表示的字符，这种特殊形式的字符是一个以“\”开头的字符序列，称为转移符。Java中常用的转义字符及其所表示的意义见表2-4。

表2-4　Java中常用的转义字符

转义字符	含义
\ddd	1~3位八进制数所表示的字符
\uxxxx	1~4位十六进制数所表示的字符
\'	单引号
\"	双引号
\\	反斜杠
\b	退格

续表

转义字符	含义
\r	回车
\n	换行
\t	制表符

②字符型变量的类型是char，计算机用16位来表示。其值范围为0 ~65 535。字符型变量说明如下：

```
Char ch='a';        //说明变量 ch 类型是 char,并赋初值'a'
```

③字符串常量：一个字符串常量是括在两个双引号之间的字符序列。若两个双引号之间没有任何字符则为空串。

以下是字符串的一些例子：

```
"Java"
"How are you. "
```

Java语言把字符串常量当String类型的一个对象来处理，以后有详细介绍。

代码示例

StudentInfo.java

```
public class StudentInfo {
   public static void main(String[] args) {
      String name = "李磊";
      String gender = "男";
      int age = 18;
      double scoreJava = 90.2;
      double scoreEnglish = 88.5;
      System.out.println("姓名\t 性别\t 年龄\tJava\t 英语");
      System.out.println(name+"\t"+gender+"\t"+age+"\t"+scoreJava+"\t"+scoreEnglish);
   }
}
```

资讯2　计算矩形周长

资讯描述

键盘输入矩形的宽和高，计算矩形的周长，并输出该矩形的周长。运行效果如图2-3所示。

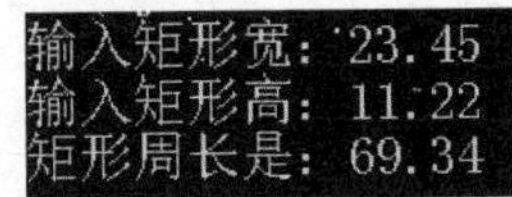

图2-3　计算矩形周长运行效果

资讯分析

程序从键盘接收数据，需要用到Scanner这个工具类，程序中定义好宽和高的变量，接收键盘输入的数据，并根据公式(宽+高)*2，计算出周长，最后在控制台输出。

相关知识

在Java编程语言中，运算符是一个符号，用来操作一个或多个表达式进行运算。所谓表达式是指包含符号与变量或常量组合的语句。在表达式中使用的符号就是运算符，这些运算符所操作的变量或常量称为操作数。

Java中的运算符类型可分为单目、双目和三目运算符。要求一个操作数的运算符为单目运算符；要求两个操作数的运算符为双目运算符；三目运算符则要求有3个操作数。运算符将值或简单的表达式组合成更为复杂的表达式，并得到这些表达式的返回值。

(1)表达式

表达式是由操作数和运算符按一定语法形式组成的符号序列，以下是合法的表达式例子：a+b、(a+b)*(c-d)。

一个表达式经过运算后，可以产生一个确定的值，即表达式的值。表达式的值的数据类型称为表达式的类型。一个常量或一个变量是最简单的表达式。表达式作为一个整体还可以看成一个操作数参与到其他运算中，形成复杂的表达式。

(2)运算符

运算符指对操作数的运算。

运算符按其要求的操作数个数分为：

- 单目运算符　如 ++、--
- 双目运算符　如 +、-、*、/、%
- 三目运算符　如 ?:

运算符按其功能分为7类：

- 算数运算符　如 +、-、*、/、%、++、--
- 关系运算符　如 >、<、>=、<=、==、!=
- 逻辑运算符　如 !、&&、||、^
- 位运算符　如 >>、<<、>>>、&、|、^、~
- 条件运算符　如 ?:
- 赋值运算符　如 =、+=、-=
- 其他分量运算符　如 .、下标运算符[ ]、实例运算符 instanceof

(3)算术运算符

算术运算符用于对整型数和实型数的运算。按其要求的操作数的个数分为单目运算符和双目运算符两类。

单目运算符　如+(单目加，取正值)、-(单目减，取负值)、++(自加)、--(自减)。

双目运算符　如+(加)、-(减)、*(乘)、/(除)、%(取余数或取模)。

算术运算符的使用规则见表2-5。

表2-5　算术运算符使用规则

操作数	运算符	功能	例子	例子的运算结果
单目	+	取正值	a=2;b=+a	a=2;b=2
	-	取负值	a=2;b=-a	a=2;b=-2
	++	前增量	a=2;b=++a	a=7;b=7;
	++	后增量	a=2;b=a++	a=3;b=2
	--	前减量	a=2;b=--a	a=1;b=1
	--	后减量	a=2;b=a--	a=1;b=2
双目	+	加	a=2+3	a=5
	-	减	a=2-3	a=-1
	*	乘	a=2*3	a=6
	/	除	a=2/1	a=2
	%	取余	a=2%1	a=0

(4)Scanner类

要想获取键盘输入的数据，必须先创建Scanner类的对象，可以通过Scanner类来获取用户的输入。

创建对象代码如下：

```
Scanner   Sc=new Scanner(System.in);
```

然后Sc对象调用下列方法（函数），读取用户在命令行输入的各种数据类型：nextBoolean()、nextByte()、nextDouble()、nextFloat()、nextInt()、nextLine()、nextLong()和nextShort()。这些方法执行时都会造成堵塞，等待用户在命令行输入数据然后回车确认。nextLine()等待用户输入一个文本行并且回车，该方法得到一个String类型的数据。

代码示例

RecArea.java

```
public class RecArea {
    public static void main(String[] args) {
        java.util.Scanner sc = new java.util.Scanner(System.in);
        System.out.print("输入矩形宽:");
        double w = sc.nextDouble();
        System.out.print("输入矩形高:");
        double h = sc.nextDouble();
        double area = (w+h)*2;
        System.out.println("矩形周长是:"+area);
    }
}
```

资讯3 判断闰年

资讯描述

根据键盘输入的年份，判断该年是否是闰年，并输出判断结果，运行效果如图2-4所示。

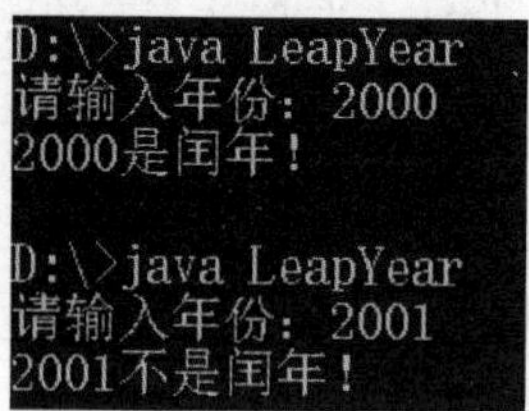
D:\>java LeapYear
请输入年份：2000
2000是闰年！

D:\>java LeapYear
请输入年份：2001
2001不是闰年！

图2-4 判断闰年运行效果

资讯分析

闰年就是可以被4整除且不能被100整除，或能被400整除的年。

相关知识

(1)分支结构

分支结构是根据假设的条件成立与否，再决定执行什么样语句的结构，它的作用是让程序更有选择性。Java语言提供两种分支结构，即if分支语句和switch分支语句。

1)if-else语句

if-else语句根据判定条件的真假来执行两种操作中的一种。

简单形式if-else语句的语法形式为

```
if(布尔表达式)
    语句1;
[else
    语句2;
]
```

其中，用“[]”括起来的else部分是可选的(可以有也可以没有)。

若无else部分，if语句的流程，如图2-5所示。

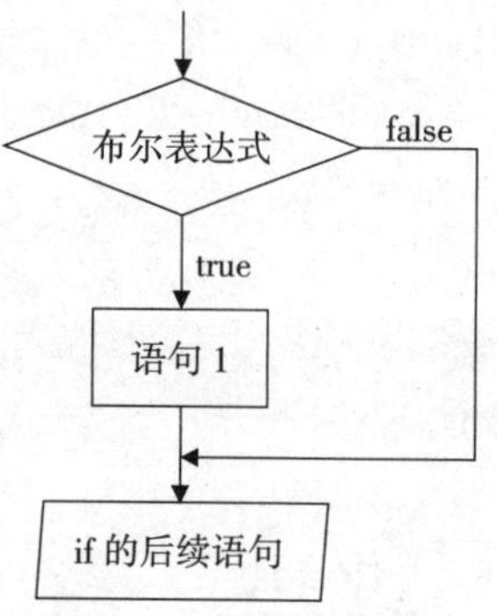

图2-5 if语句流程图

语句的执行过程：先计算布尔表达式，若布尔表达式的值为true，则程序执行语句1，否则就什么也不做，转去执行if语句的后续语句。

若有else部分，if语句的流程图如图2-6所示。

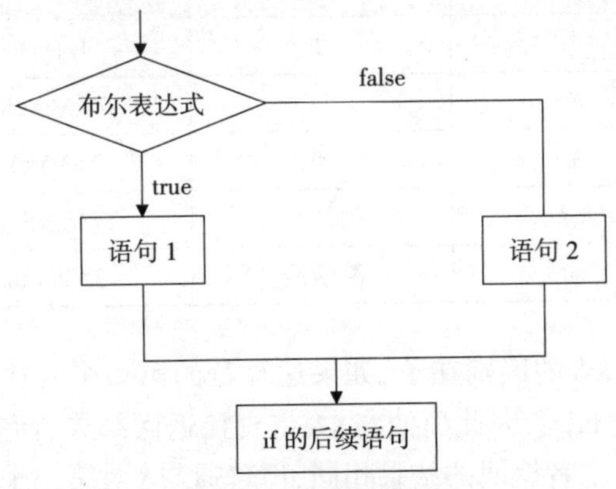

图2-6　if语句流程图

语句的执行过程是：先计算布尔表达式，若布尔表达式的值为true，则程序执行语句1，否则执行语句2，然后执行if语句的后续语句。但要注意的是：

①else子句不能作为语句单独使用，它必须是if语句的一部分，与if配对使用。

②语句1、语句2后一定要有分号"；"。

③语句1和语句2可以是复合语句。

2）if-else语句的嵌套

if-else语句中的内嵌的语句1或语句2又是if-else语句的情况称为if-else语句的嵌套。如：

```
if(布尔表达式1)
      语句1;
else if(布尔表达式2)
         语句2;
         ……
         else if(布尔表达式n)
            语句n;
               else 语句m;
```

程序从上往下依次判断布尔表达式的条件，一旦某个条件满足(即布尔表达式的值为true)，就执行相关的语句，然后就不再判断其余的条件，直接转到if语句的后续语句去执行。Java规定，else总是与离它最近的if配对。如果需要，可以通过使用花括号"{}"来改变配对关系。

(2)逻辑运算符

逻辑运算符有4个，它们是：!(非)、&(与)&&(简洁与)、|(或)||(简洁或)、^(异或)。这些运算符操作的结果都要求是布尔型。

逻辑运算符的使用见表2-6。

表2-6　逻辑运算符使用规则

操作数	运算符	功能	例子	例子的运算结果
单目	!	非	! true	false
双目	&	与	2>3&5<6	false
	|	或	2>3|5<6	true
	&&	简洁与	2>3&&5<6	false
	||	简洁或	2>3||5<6	true

普通与&和简洁与&&的区别在于，如果运算符的第一个表达式的值为false，那么这是可以断定运算结果为false，因此简洁与&&将直接返回结果，而普通与&还将进行第二个表达式的求值。虽然二者返回的结果相同，但普通与&对第二个表达式进行了运算，将能够实现第二个表达式求值过程中所完成的附加功能。

普通或|和简洁或||的区别在于，如果运算符的第一个表达式的值为true，那么，这时可以断定运算结果为true，因此简洁或||将直接返回结果，而普通或|还将进行第二个表达式的求值。虽然二者返回的结果相同，但普通与|对第二个表达式进行了运算，将能够实现第二个表达式求值过程中所完成的附加功能。

代码示例

LeapYear.java

```
public class LeapYear {
    public static void main(String[] args) {
        java.util.Scanner sc = new java.util.Scanner(System.in);
        System.out.print("请输入年份:");
        int year = sc.nextInt();
        if (year % 4 == 0 && year % 100 != 0 ||year % 400 == 0) {
            System.out.println(year + "是闰年！");
        }else{
            System.out.println(year + "不是闰年！");
        }
    }
}
```

资讯4　计算1~100累加和

资讯描述

设计程序，实现从1到100的累加和，并输出结果，效果如图2-7所示。

```
sum=5050
```

图2-7　1~100累加运行效果

资讯分析

①定义2个变量n和sum。

②确定n的范围为[1,100],sum初始值为0。

③重复执行sum = sum + n。

④n值加1。

相关知识

(1)while语句

while语句形式如下:

while(布尔表达式)<语句>;

其中:

while是while语句的关键字;布尔表达式是循环条件;语句为循环体,当循环体为多个语句时,就构成了复合语句。

while语句执行的过程:首先判断布尔表达式的值,若布尔表达式的值为true,则执行循环体,然后再判断条件,直到布尔表达式的值为false,停止执行语句。使用while语句应注意以下两点:

①该语句是先判断后执行,若一开始条件就不成立,则不执行循环体。

②在循环体内一定要有改变条件的语句,否则是死循环。

while语句的流程图如图2-8所示。

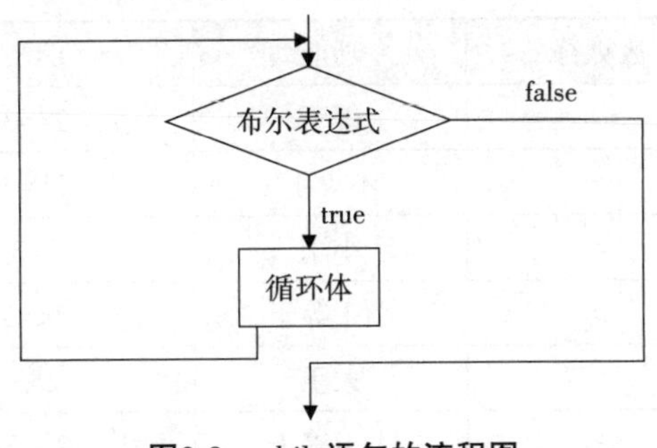

图2-8　while语句的流程图

(2)do-while循环

do-while循环是在循环一次之后才进行终止条件的判断,do-while语句的语法形式如下:

```
do{
    语句;
}while(布尔表达式);
```

do-while语句执行的过程为:先执行一次循环体中的语句,然后判断布尔表达式的值,如果布尔表达式的值为true,则继续执行循环体。do-while语句将不断地判断布尔表达式的值并执行循环体中的内容,直到布尔表达式的值为false为止。do-while语句的流程图如图2-9所示。

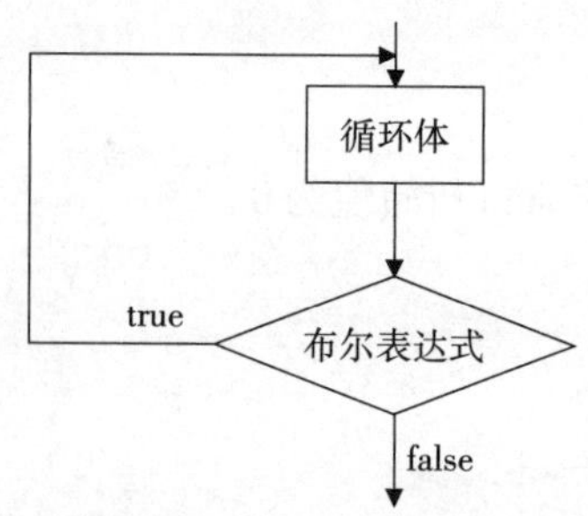

图2-9　do-while语句的流程图

do-while语句和while语句的不同之处：do-while语句总是先进入循环，执行一次循环语句之后，才会判断循环条件是否成立，再判定是否继续循环。而while语句是先判断条件，再判定是否进入循环，条件成立就进入循环，条件不成立就不进入循环。所以，do-while语句的循环体会至少执行一次；while循环可能一次循环体都不执行。

(3)关系运算符

关系运算符有==(等于)、!=(不等于)、<(小于)、<=(小于等于)、>(大于)、>=(大于等于)及instanceof(对象运算符)7种，一个关系运算符两边的数据类型应该一致，一个关系表达式的结果类型为布尔型，即关系式成立为true，不成立为false。

关系运算符的使用规则见表2-7。

表2-7　关系运算符使用规则

操作数	运算符	功能	例子	例子的运算结果
双目	==	等于	2==3	false
	!=	不等于	2!=3	true
	<	小于	2<3	true
	<=	小于等于	2<=3	true
	>	大于	2>3	false
	>=	大于等于	2>=3	false

代码示例

WhileDemo.java

```
public class WhileDemo {
    public static void main(String[] args){
        // TODO Auto-generated method stub
        int n=1;
        int sum=0;
        while(n<=100) {
            sum = sum+n;
            n++;
        }
```

```
        System.out.println("sum="+sum);
    }
}
```

典型工作环节3 实现功能

任务1 关键算法与技术实现

程序中如何产生一个10以内随机整数，这里可以使用Math.random()，玩家输入数字，程序根据玩家输入数字和程序生成的随机数判断大小关系，并提供玩家判断结果，这个过程持续反复，直到玩家猜对数字为止，考虑到玩家在猜数字时，无法确定猜数字次数，这里使用while循环结构更为合适。

Math.random()语句是一个随机函数。利用该函数可以取得0~1(包括0但不包括1)的随机浮点数，如果想得到一个大于1的随机值，则需要再乘以一定的数值来实现。例如：

Math.random()*10;运算结果就是10以内(包括0但不包括10)的一个随机浮点数数值。如果想要取得一个整数结果，可以通过一个取整操作来实现。例如：

(int)(Math.random() * 10)；运算结果就是10以内的随机整数。

任务2 项目代码示例

GuessNumber.java

```
public class GuessNumber {// 猜数字小游戏
    public static void main(String[] args) {
        int number = (int)(Math.random() * 10 + 1); // 设置随机数
        int guess; //接收玩家输入的数字
        int count=0;//记录玩家猜数字的次数
        System.out.println("欢迎来到猜数字小游戏！");
        do{
            System.out.println("请输入一个 1 到 10 的数字:");
            java.util.Scanner sc = new java.util.Scanner(System.in);
            guess = sc.nextInt();
            if(guess > number){
                System.out.println("猜大了！");
            }else if(guess < number){
```

```
            System.out.println("猜小了！ ");
        }
        count++;
    }while(guess != number );
    System.out.println("恭喜您猜对了！ 您总共猜了"+count+"次");
  }
}
```

典型工作环节4　测试项目

使用Eclipse软件，打开“猜数字小游戏”项目文件，执行该程序，项目代码运行正确，运行效果如图2-10所示。

```
Console ☒
<terminated> GuessNumber [Java Application] C:\Program Files\Java\jdk1.8.0_102\bin\javaw.exe (2021年11月18日 下午10:53:03)
欢迎来到猜数字小游戏！
请输入一个1到10的数字：
5
猜大了！
请输入一个1到10的数字：
3
猜小了！
请输入一个1到10的数字：
4
恭喜您猜对了！您总共猜了3次
```

图2-10　测试“猜数字小游戏”项目结果

【知识拓展】

拓展1　switch语句

当要从多个分支中选择一个分支去执行，虽然可用if嵌套语句来解决，但当嵌套层数较多时，程序的可读性会大大降低。Java提供的switch语句可清楚地处理多分支选择问题。switch语句根据表达式的结果来执行多个可能操作中的一个，它的语法形式如下：

```
switch(表达式)
{
case 常量1:语句1
```

```
                [break;]
    case 常量 2:语句 2
                [break;]
    ……
    case 常量 n:语句 n
                [break;]
    [default: 缺省处理语句
    break;]
    }
```

switch语句中的每个"case常量"称为一个case子句,代表一个case分支的入口。switch语句的流程图如图2-11所示。

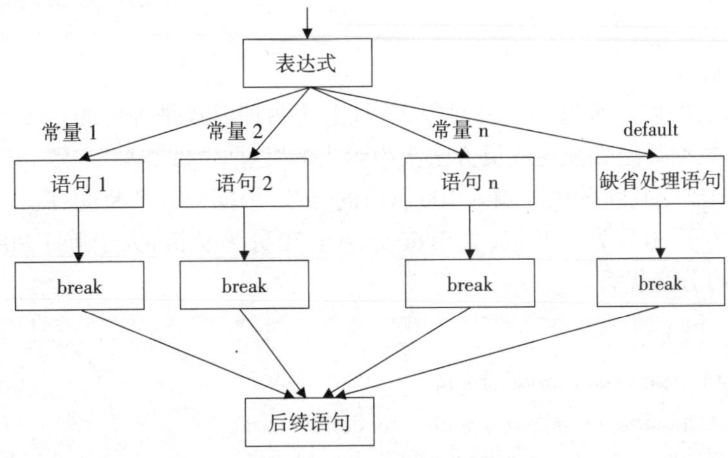

图2-11 switch语句的流程图

switch语句得注意以下几点:

①switch后面的表达式的类型可以是byte、char、short和int(不允许浮点数类型和long类型,也不能为一个字符串)。

②switch语句将表达式的值依次与每个case子句中的常量值相比较。如果匹配成功,则执行该case子句中常量值后的语句,直到遇到break语句为止。

③case子语句后面的值1、值2、……、值n是与表达式类型相同的常量,但它们之间的值应各不相同,否则就会出现相互矛盾的情况。case后面的语句块可以不用花括号括起来。

④default语句可以省去不要。当表达式的值与所有case子句中的值都不匹配时,就执行default后的语句。如果表达式的值与所有case子句中的值都不匹配且没有default子句,则程序不执行任何操作,而是直接跳出switch语句,进入后续程序段的执行。

⑤当表达式的值与某个case后面的常量值相等时,就执行case后面的语句块。

⑥若去掉break语句,则执行完第一个匹配case后的语句块后,会继续执行其余case后的语句块,而不管这些语句块前的case值是否匹配。

⑦通过if-else语句可以实现switch语句所有的功能。但通常使用switch语句更简练,

且可读性强,程序的执行效率也高。

⑧ if-else语句可以基于一个范围内的值或一个条件来进行不同的操作,但swtich语句中的每个case子句都必须对应一个单值。

拓展2　return语句

return语句用于方法的返回值,当程序执行到return语句时,终止当前方法的执行,返回到调用这个方法的语句。return语句通常位于一个方法体的最后一行,有带参数的和不带参数的两种形式,带参数形式的return语句退出该方法时,会返回一个值。

当方法用void声明时,说明不需要返回值(返回值类型为空),应使用不带参数的return语句。不带参数的return语句也可以省略,当程序执行到这个方法的最后一条语句时,遇到方法结束标志"}",就自动返回到调用这个方法的程序中。

若方法有返回值,则在方法体中用return语句指明要返回的值。其格式为:

return 表达式;

或

return(表达式);

其中表达式可以是常量、变量、对象等,且上述两种形式是等价的。此外,return语句后面表达式的数据类型必须与成员方法头中给出的"返回值的类型"一致。

示例:根据成绩判断等级。输入100以内的分数,根据分数判断优、良、及格、不及格4个等级,分数小于60分为不及格;大于60分小于70分为及格;大于等于70小于90为良好;大于等于90分为优秀。

```
public class Grade {
    public static void main(String[] args) {
        java.util.Scanner sc = new java.util.Scanner(System.in);
        System.out.print("请输入 0~100 分数:");
        int grade = sc.nextInt();
        int k=0;
        k=grade/10;
        if(k<0 || k>10){
            System.out.println("输入分数有误");
            return;
        }
        switch(k){
            case 10:
            case 9:
                System.out.println("成绩:优");
                break;
            case 8:
            case 7:
```

```
                System.out.println("成绩：良");
                break;
            case 6:
                System.out.println("成绩：及格");
                break;
            default:
                System.out.println("成绩：不及格");
                break;
        }
    }
}
```

拓展3　for语句

for语句是循环的另一种表示形式。for语句的语法形式为：

```
for(表达式 1;表达式 2;表达式 3) 语句;
```

for是for语句的关键字，语句为for语句的循环体，若有多个语句时，就会构成复合语句。

for语句中循环控制变量必须是有序类型，常用的有整型、字符型、布尔型。循环控制变量初值和终值通常是与控制变量类型相一致的一个常量，也可以是表达式。循环次数由初值和终值决定。

for语句的执行过程如图2-12所示。

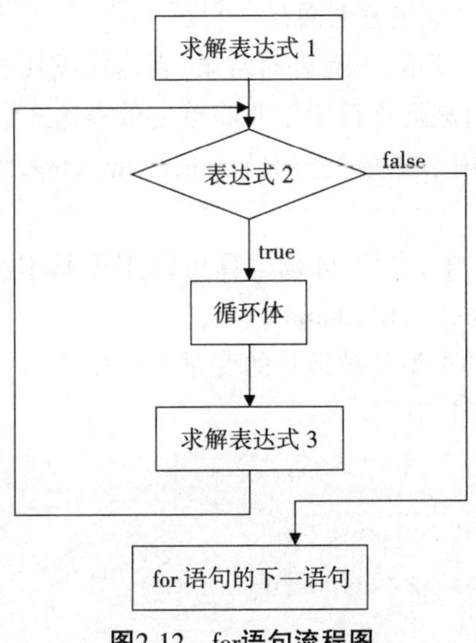

图2-12　for语句流程图

for语句执行步骤如下：

①按表达式1将初值赋给循环控制变量。

②按表达式2判断循环是否成立,即判断控制变量的值是否符合条件。

③若条件成立,则执行循环体。

④按表达式3修改控制变量。对于递增型为原控制变量值的后续;对于递减型为控制变量值的前导。

⑤返回步骤②。

⑥结束循环。

自增和自减运算符(++和--)

对一个变量做加1或减1处理时,可以使用自增运算符 ++ 或自减运算符 --。++ 或 -- 是单目运算符,放在操作数的前面或后面都是允许的。++ 与 -- 的作用是使变量的值增1或减1。操作数必须是一个整型或浮点型变量。自增、自减运算的含义及其使用实例见表2-8。

表2-8　自增、自减运算的含义及其使用实例

运算符	含义	实例	结果
i++	将 i 的值先使用再加 1 赋值给 i 变量本身	int i=1; int j=i++;	i=2 j=1
++i	将 i 的值先加 1 赋值给变量 i 本身后再使用	int i=1; int j=++i;	i=2 j=2
i--	将 i 的值先使用再减 1 赋值给变量 i 本身	int i=1; int j=i--;	i=0 j=1
--i	将 i 的值先减 1 后赋值给变量 i 本身再使用	int i=1; int j=--i;	i=0 j=0

在使用自增/自减运算时应注意下面几个问题。

• 自增/自减只能作用于变量,不允许对常量、表达式或其他类型的变量进行操作。常见的错误是试图将自增或自减运算符用于非简单变量表达式中。

• 自增/自减运算可以用于整数类型 byte、short、int、long,浮点类型 float、double,以及字符串类型 char。

• 在 Java 1.5 以上版本中,自增/自减运算可以用于基本类型对应的包装器类 Byte、Short、Integer、Long、Float、Double 和 Character。

• 自增/自减运算结果的类型与被运算的变量类型相同。

示例:计算1~100累加和。

```
public class ForDemo {
    public static void main(String[] args){
        // TODO Auto-generated method stub
        int n=1;
        int sum=0;
```

```
        for(n=1;n<=100;n++){
            sum=sum+i;
        }
        System.out.println("sum="+sum);
    }
}
```

项目三　开发简易计算器

【项目描述】

开发一款Java程序，该程序是一个图形界面的简单Java计算器，具有良好的界面，使用人员能快捷简单地进行加、减、乘、除操作（限十进制）。其程序要求为设计一个图形界面（GUI）的计算器应用程序，完成简单的加法、减法、乘法和除法运算，且参与计算的数字与所得结果可以有小数点，同时还要具备清零功能。程序运行后的效果如图3-1所示。

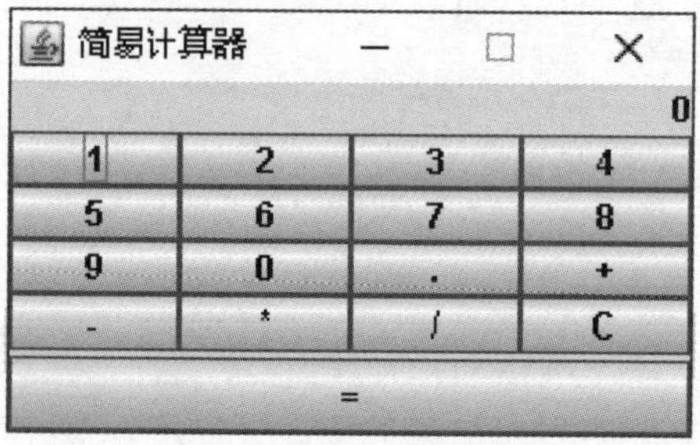

图3-1　计算器运行效果

【典型工作环节】

典型工作环节1　分析任务

根据项目简介中的要求，对其具体需求做如下分析：

①要使用Java的GUI设计出计算器界面。

②通过界面按钮，可以进行加减乘除运算，并将结果显示在界面中。

③计算可以有小数点。

④要有清零功能。

设计思路具体如下：

①本应用程序继承自框架类（Frame），此程序使用Frame布局管理器BorderLayout，将包含各种按钮的面板Panel1加入“Center”区域，包含单行文本框和清零按钮的Panel2加入“North”区域。含有各种按钮的面板Panel1采用4行4列的网格布局，然后将数字按钮

和运算符按钮以及控制按钮添加到面板中。

②项目中要注册按钮事件监听器 ActionListener；事件监听器中的事件处理方法 public void actionPerformed(ActionEventevt)完成主要的按钮事件的处理。

③事件处理分以下几种情况：数字按钮事件("0","1","2"…"8","9")、运算符按钮事件("+","-","*","/")小数点按钮事件(".")、等号按钮事件("=")、清除按钮事件("CE")。

④计算器完成的是一个数学表达式，里面涉及的就是加、减、乘、除的基本操作，仅需定义一个变量来保存运算操作的前一个数字，与当前在计算器上的显示数字进行计算即可。

典型工作环节2　收集资讯

资讯1　设计"人类"信息模块

资讯描述

人是社会的主体，在系统开发过程中经常涉及人。通常，人的信息包括姓名、性别、年龄、体重、家庭地址等，要求使用Java语言描述"人类"并创建出两个实际存在的人。

资讯分析

面向对象编程的基本步骤：

①定义类：使用class关键字，声明类的属性和方法。

②创建类的对象：使用new关键字创建类的对象。

③通过"."操作符访问类的属性和方法。

相关知识

(1)类与对象

Java是面向对象的语言，Java语言提供了定义类、成员变量、方法等最基本的功能。类本质上是一种自定义的数据类型，可以使用类来定义变量，所有使用类定义的变量都是引用变量，它们将会引用到类的对象。类用于描述客观世界里某一类对象的共同特征，而对象则是类的具体存在，类是Java的基础，可以通过类创建对象，Java程序就是由各种相互交互的类和对象组成。

1)定义类

Java语言里定义类的语法如下：

```
[修饰符] class 类名 [extends 父类名] [implements 接口列表]{
    属性
    方法
}
```

类的声明包括类头和类体两部分。

①类头确定类名、访问权限和与其他类的继承关系。其中，class是声明类的关键字；extends表示该类继承自哪个父类；implements表示该类实现了哪些接口；修饰符分为访问

控制修饰符和非访问控制修饰符，说明类的访问权限，是否为抽象类(abstract)或最终类(final)。

②类体中定义类的属性及方法，属性是用来记录该类特征值的变量，方法是用来定义该类可以执行的操作函数。

【例3_1】 定义一个Person类。

```
public class Person {
    String personID;
    String personName;
    int personAge;
    public void showPersonInfo(){
        System. out. println("身份证号：" +personID+ "姓名：" +personName+ "年龄：" 
+personAge);
    }
}
```

说明：

①定义了一个类，类名为Person，定义的类可以理解为一个新的数据类型。

②在Person类中定义了名称为personID的属性和personName的属性，以及名称为showPersonInfo()的方法。

注意：

类名的命名首字母大写，如果一个类由多个单词构成，那么每个单词的首字母都大写，而且中间不使用任何的连接符。

属性名和方法名首单词全部小写，如果一个方法由多个单词构成，那么从第二个单词开始首字母大写，不使用连接符，如personName，showPersonInfo。

2)定义属性

定义属性的语法格式如下：

[修饰符] 属性类型 属性名 [=默认值]

属性语法格式的详细说明如下：

①修饰符：修饰符可以省略，也可以是public、protected、private、static、final，其中public、protected、private 3个最多只能出现其中之一，可以与static、final组合起来修饰属性。

②属性类型：属性类型可以是Java语言允许的任何数据类型，包括基本类型和现在介绍的引用类型。

③属性名：属性名则只要是一个合法的标识符即可，但这只是从语法角度来说的；如果从程序可读性角度来看，属性名应该由一个或多个有意义的单词连缀而成，第一个单词首字母小写，后面每个单词首字母大写，其他字母全部小写，单词与单词之间不需要使用任何分隔符。

④默认值：定义属性还可以定义一个可选的默认值。

提示：属性是一种比较传统，也比较符合汉语习惯的说法，在Java的官方说法里，属性被称为field，因此有的教材也把属性翻译为字段。

3)定义方法

方法是完成特定功能的、相对独立的程序段,与其他编程语言中的子程序、函数等概念相当。方法一旦定义,就可以在不同的程序段中多次调用,因此方法可以增强程序结构的清晰度,提高编程效率。

Java定义方法的语法格式如下:

```
[修饰符] 方法返回值类型 方法名([形参列表]){
    //由零条到多条可执行性语句组成的方法体
}
```

方法定义语法格式的详细说明如下:

①方法声明包括方法头和方法体两部分。其中方法头确定方法的访问权限、调用该方法返回的数据类型、方法名称、形式参数的类型、名称及数量。方法体由大括号中的零条或多条语句组成,这些语句实现方法的功能。

②修饰符可以省略,也可以是public、protected、private、static、final, abstract,其中public、protected、private 3个最多只能出现其中之一,static、final、abstract修饰的方法后面再详细介绍。

③返回值类型为方法完成其功能后返回的运算结果的数据类型。如果方法不需要返回值,则使用void关键字声明。

④对于有返回值的方法,其方法体中至少有一条return语句,形式如下:

return 表达式;

当调用该方法时,方法的返回值就是return后面的表达式。

return返回值的类型必须与方法声明的返回值类型一致。

⑤方法名称命名规则与属性命名规则一致,注意不要与Java中的关键字重名。

⑥参数列表指定在调用该方法时,应该传递的参数个数和数据类型。参数表中可以包含多个参数,参数之间用逗号隔开。方法也可以没有参数,称为无参方法。

⑦方法定义不能嵌套,即不能在一个方法中声明另外一个方法。

4)对象的创建及使用

定义了类后就可以创建类的对象,也称实例化对象。对象的创建分为两步,第一步是对象的声明,第二步是对象的实例化。

创建对象语法如下:

类名 对象名=new 对象名();

如:Person p = new Person();

该语句计算机分两步执行。

第一步:Person p;声明一个Person类型的对象,对象名为p。

第二步:P=new Person();使用new运算符实例化Person类的对象p,并为其属性分配内存空间,Person()是一个和类名同名的方法,称为构造方法。

说明:

①Person p表示定义Person类的对象p,大家可以类比int i,本质上都是声明变量的指令,只不过Person这种类型是自定义的一个类型,变量p和i的不同之处在于p是引用类型的变量,该变量本身不存储数据,只存储一块内存的首地址,该内存才是真正存储对象数

据的内存空间。

②P=new Person()表示对p对象实例化，实例化的过程就是为对象p的personID和personName两个属性分配内存。

类中定义的属性和方法，一般情况下，只有创建了该类的对象后，该对象才可以使用类中定义的属性及方法。就像木匠能做家具，木匠是一个抽象的集合概念，人们要做家具，必须找木匠，比如张三是木匠，那么张三就能做家具，找到张三就是木匠的对象实例化。

Java中对象调用属性和方法使用运算符“.”。

【例3_2】 创建Person类对象。

```
public class Demo{
    public static void main(String [] args){
        Person p = new Perosn();//声明并实例化 Person 类型的对象 p
        p.personID="123456789";//p 对象调用 personID 属性并赋值 12345678
        p.personName="李强";//p 调用 personName 属性并赋值李强
        p.personAge=19;//p 调用 personAge 属性并赋值 19
        p.showPersonInfo();//p 调用 showPersonInfo 方法
    }
}
```

运行结果如图3-2所示。

```
身份证号：123456789 姓名：李强 年龄：19
```

图3-2 Person类运行效果

(2)构造方法与对象的初始化

1)类的构造方法

在前面已经介绍了如何创建一个类，以及如何创建该类的对象，在创建对象时，使用new+类名()的形式实例化对象，如new Person()。这里的Person()看调用形式是一个方法，可是方法的名称命名很特殊，是和类名同名，同时，我们注意到，这个方法在Person类中并没有定义，那么，这个特殊的方法是哪里来的呢?

在Java的类的定义中，有一种特殊的方法，方法名和类名同名，无返回值类型，这种方法叫构造方法，构造方法必须满足以下语法规则：

①方法名必须与类名相同。

②不要声明返回类型。

如果在类中没有显式定义构造方法，系统会提供一个默认形式的构造方法，该默认构造方法没有形参列表，方法体中没有指令代码。形式如下：

```
public Person(){}
```

注意：构造方法不需要声明返回值类型，即使是void也不行，如果写成public void Person(){}，那么该方法只能作为普通的实例方法，不能成为构造方法。

人们也可以自己定义类的构造方法，这样系统就不再提供默认构造方法。

【例3_3】 Person类自定义构造方法。

```
public class Person {
    String personID;
    String personName;
    int personAge;
    public Person(Sting id,String name,int age){
        personID=id;
        personName=name;
        personAge=age;
    }
    public void showPersonInfo(){
        System. out. println(" 身 份 证 号 : " +personID+ " 姓 名 : " +personName+ " 年 龄 : "
+personAge);
    }
}
```

这里定义了带有3个形式参数的构造方法Person(String id，String name，int age)，那么在创建Person类的对象时，就不能再使用：

```
Person p = new Person();
```

而是要用自定的构造方法：

```
Person p = new Person("123456789","李强",19);
```

一个类中可以声明多个构造方法，各个构造方法的参数不允许相同，这样，在使用new运算符实例化对象时，系统会根据参数匹配原则调用相应的构造方法。

2)对象的初始化过程

在Java中，对象的初始化过程包括默认初始化、显式初始化以及构造方法中的初始化。当一个对象被实例化时，对象的属性的值先被系统进行默认初始化，如果属性在类文件中被赋了初值，则系统进行显式初始化，如果最后构造方法中对属性又进行了赋值，系统则再进行赋值初始化。属性的默认初始化根据类型不同，被赋予不同的初始值，默认初始化规则见表3-1。

表3-1　默认初始化

属性类型	默认值
整型	0
浮点型	0.0
布尔型	false
字符型	\u0000
引用类型	null

以Person类为例，看一看对象的创建及初始化过程。

【例3_4】 改写一下Person类。

```
public class Person {
    private String personName = "张三";
    private int personAge = 23;
    public Person() {
        personName = "李四";
        personAge = 24;
    }
    public void showPersonInfo(){
        System.out.println(" 姓名："+personName+" 年龄："+personAge);
    }
}
public class PersonDemo{
    public static void main(String[] args) {
        Person p = new Person();
        p. showPersonInfo ();
    }
}
```

Java把内存分成两种，一种叫作栈内存，另一种叫作堆内存，在函数中定义的一些基本类型的变量和对象的引用变量都是在函数的栈内存中分配。当在一段代码块中定义一个变量时，Java就在栈中为这个变量分配内存空间，当超过变量的作用域后，Java会自动释放掉为该变量分配的内存空间，该内存空间可以立刻另作他用。

堆内存用于存放由new创建的对象和数组。在堆中分配的内存，由Java虚拟机自动垃圾回收器来管理。在堆中产生了一个数组或者对象后，还可以在栈中定义一个特殊的变量，这个变量的取值等于数组或者对象在堆内存中的首地址，在栈中的这个特殊的变量就变成了数组或者对象的引用变量，以后就可以在程序中使用栈内存中的引用变量来访问堆中的数组或者对象，引用变量相当于为数组或者对象起的一个别名或者代号。

引用变量是普通变量，定义时在栈中分配内存，引用变量在程序运行到作用域外释放。而数组以及类的对象本身在堆中分配，即使程序运行到使用new产生数组和对象的语句所在的代码块之外，数组和对象本身占用的堆内存也不会被释放，数组和对象在没有引用变量指向它时，才变成垃圾，不能再被使用，但是仍然占着内存，在随后的一个不确定的时间被垃圾回收器释放掉。这个也是Java比较占内存的主要原因，实际上，栈中的变量指向堆内存中的变量，这就是Java中的指针。

对于PersonDemo这个程序，计算机是如何进行内存分配并初始化的呢？

首先，PersonDemo运行时，计算机先在栈内存中为main方法分配空间，如图3-3所示。

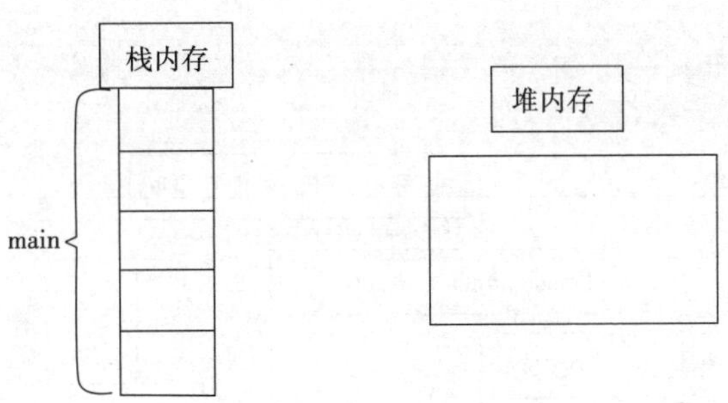

图3-3 main方法内存分配

然后执行Person p=new Person();

在创建对象p时,使用new开辟堆内存空间,对属性personName和personAge进行默认初始化,如图3-4所示。

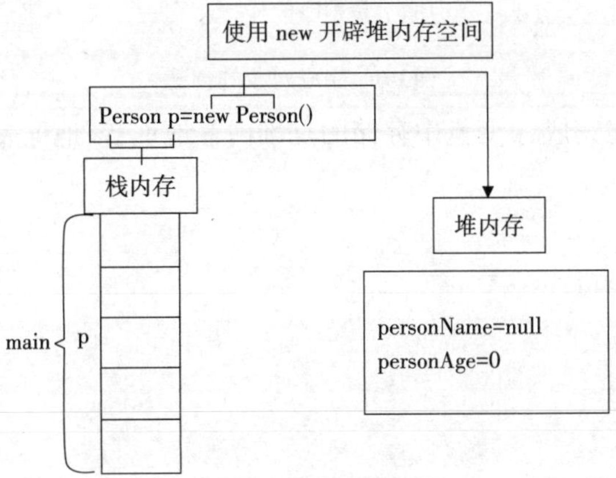

图3-4 为Person对象p分配内存

接着,根据Person类中的属性声明,进行显式初始化,如图3-5所示。

```
private String personName = "张三";
private int personAge = 23;
```

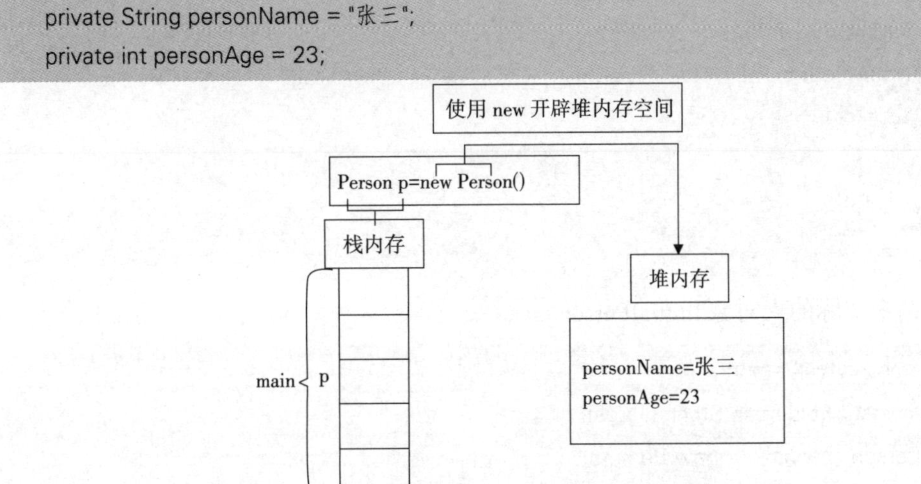

图3-5 对象初始化

最后,执行构造方法中的赋值语句,并把堆内存的首地址赋值给p变量,如图3-6所示。

```
personName = "张三";
personAge = 23;
```

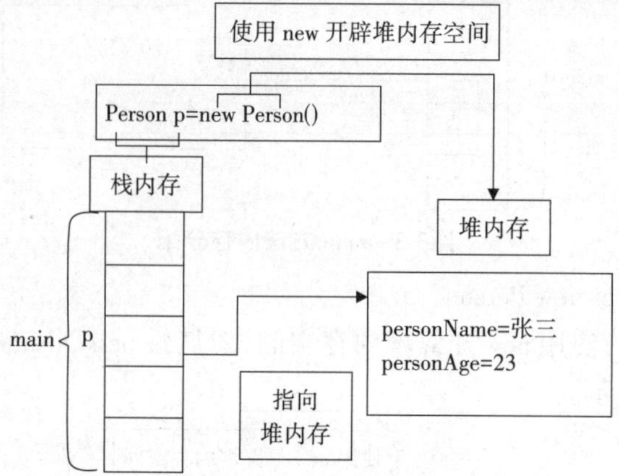

图3-6　完成对象的创建

至此，对象p创建完成，p变量中存储的是堆内存地址，该地址表示的内存区域存储对象的属性数据。

代码示例

定义"人类"Person.java

```
public class Person{
    String name;
    int age;
    String address;
    char sex;
    double weight;
    public void showInfo(){
        System.out.println("我是:"+name+",性别:"+sex+",今年"+age+"岁,体重"+weight+",
家庭住址:"+address);
    }
}
```

建立两个实际的人对象InittialPerson.java

```
public class InittialPerson{
    public static void main(String [] args){
        Person zhangsan = new Person();
        Person lisi = new Person();
        zhangsan.name = "张三";
        zhangsan.age = 25;
```

```
        zhangsan.address = "北京";
        zhangsan.sex = 'm';
        zhangsan.weight = 100;
        zhangsan.showInfo();

        lisi.name = "李四";
        lisi.age = 20;
        lisi.address = "上海";
        lisi.sex = 'm';
        lisi.weight = 90;
        lisi.showInfo();
    }
}
```

资讯2　设计“学生类”信息模块

资讯描述

根据已有的“人类”，描述学生信息，包括姓名、性别、年龄、体重、家庭地址等，同时包含学生所在学校信息。

资讯分析

面向对象编写类的继承基本步骤：

第一步：观察“学生类”与“人类”的特征数据的共同点与不同点。

第二步：创建“学生类”，使用extends继承“人类”已定义的成员及方法。

第三步：修改“学生类”继承的方法，扩充方法功能。

相关知识

(1)继承的概念

继承是Java面向对象编程技术的一块基石，它允许创建分等级层次的类。继承就是子类继承父类的特征和行为，使得子类对象(实例)具有父类的实例域和方法，或子类从父类继承方法，使得子类具有父类相同的行为。

生活中的继承，如动物的继承关系如图3-7所示。

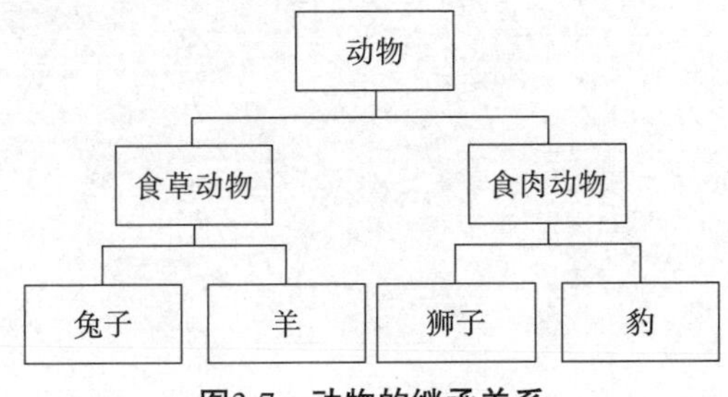

图3-7　动物的继承关系

从图3-7中可以看出，兔子和羊属于食草动物类，狮子和豹属于食肉动物类，而食草动物和食肉动物又都属于动物类。因此继承需要符合的关系是：is-a，父类更通用，子类更具体。虽然食草动物和食肉动物都是属于动物，但是两者的属性和行为有差别，所以子类会具有父类的一般特性，也会具有自身的特性。

在Java中通过extends关键字可以申明一个类是从另外一个类继承而来的，类的继承格式一般形式如下：

```
class 父类 {
}


class 子类 extends 父类 {
}
```

(2)为什么需要继承

在面向对象的开发中，继承有什么作用，接下来通过实例来说明这个需求。假设需要开发动物类，其中动物分别为企鹅和老鼠，要求如下：

企鹅：属性(姓名，id)，方法(吃，睡，自我介绍)

老鼠：属性(姓名，id)，方法(吃，睡，自我介绍)

以下两种动物的实现代码。

企鹅类：

```
public class Penguin {
    private String name;
    private int id;
    public Penguin(String myName, int  myid) {
        name = myName;
        id = myid;
    }
    public void eat(){
        System.out.println(name+"正在吃");
    }
    public void sleep(){
        System.out.println(name+"正在睡");
    }
    public void introduction() {
        System.out.println("大家好！我是"+ id + "号" + name + ".");
    }
}
```

老鼠类：

```
public class Mouse {
    private String name;
    private int id;
    public Mouse(String myName, int  myid) {
        name = myName;
        id = myid;
    }
    public void eat(){
        System.out.println(name+"正在吃");
    }
    public void sleep(){
        System.out.println(name+"正在睡");
    }
    public void introduction() {
        System.out.println("大家好！ 我是"+ id + "号" + name + ".");
    }
}
```

从这两段代码可以看出来，代码存在重复，导致的后果就是代码量大且臃肿，而且维护性不高（维护性主要是指后期需要修改时，就需要修改很多的代码，容易出错），要从根本上解决这两段代码的问题，就需要继承，将两段代码中相同的部分提取出来组成一个父类。

公共父类：

```
public class Animal {
    private String name;
    private int id;
    public Animal(String myName, int myid) {
        name = myName;
        id = myid;
    }
        public void eat(){
        System.out.println(name+"正在吃");
    }
    public void sleep(){
        System.out.println(name+"正在睡");
    }
```

```
    public void introduction() {
        System.out.println("大家好！我是"+ id + "号" + name + ".");
    }
}
```

这个Animal类就可以作为一个父类，当企鹅类和老鼠类继承这个类之后，就具有父类当中的属性和方法，子类就不会存在重复的代码，维护性也提高了，代码也更加简洁，代码的复用性(复用性主要是可以多次使用，不用再多次写同样的代码)得到提高。

继承了父类的企鹅类：

```
public class Penguin extends Animal {
    public Penguin(String myName, int myid) {
        super(myName, myid);
    }
}
```

继承了父类的老鼠类：

```
public class Mouse extends Animal {
    public Mouse(String myName, int myid) {
        super(myName, myid);
    }
}
```

(3)继承的特性

当一个类继承了一个父类时，子类拥有父类中定义的属性和方法，所有的类都是继承于 java.lang.Object，若一个类没有显式地继承父类，则默认继承 Object(这个类在 java.lang 包中，所以不需要 import)祖先类。

1)子类继承父类的成员变量

当子类继承了某个类之后，便可以使用父类中的成员变量，但并不是完全继承父类的所有成员变量。具体的原则如下：

①能够继承父类的public和protected成员变量；不能够继承父类的private成员变量。

②对于父类的包访问权限成员变量，如果子类和父类在同一个包下，则子类能够继承；否则，子类不能够继承。

③对于子类可以继承的父类成员变量，如果在子类中出现了同名称的成员变量，则会发生隐藏现象，即子类的成员变量会屏蔽掉父类的同名成员变量。如果要在子类中访问父类中同名成员变量，需要使用super关键字来进行引用。

【例3_5】 程序中，虽然类B继承了类A，但因为A中的属性i是私有属性，所以B的对象不能对其进行访问操作。

```
class A{
   private int I;
}
class B extends A{
}
class Demo{
   public static void main(String [] args){
        B b = new B();
        b.i=3;//编译出错,对 i 没有访问权限
   }
}
```

运行效果如图 3-8 所示。

```
Demo.java:9: 错误: 找不到符号
    b.i=3;//编译出错, 对i没有访问权限
     ^
  符号:   变量 i
  位置: 类型为B的变量 b
1 个错误
```

图3-8　运行效果

【例 3_6】 下面的程序会输出什么?

```
class A{
   int i=100;
}
class B extends A{
   int i;
   //int i=super.i;
}
class Demo{
   public static void main(String [] args){
        B b = new B();
        System.out.println(b.i);
   }
}
```

运行效果如图 3-9 所示。

图3-9　例3_6运行效果

可以看到,输出结果为0。如果子类的i想使用父类的i的值,B程序改写为:

```
int i=super.i;
```

则运行效果如图3-10所示。

图3-10　运行效果

2)子类继承父类的方法

同样地,子类也并不是完全继承父类的所有方法。

①能够继承父类的public和protected成员方法;不能够继承父类的private成员方法。

②对于父类的包访问权限成员方法,如果子类和父类在同一个包下,则子类能够继承;否则,子类不能够继承。

③对于子类可以继承的父类成员方法,如果在子类中出现了同名称的成员方法,则称为覆盖,即子类的成员方法会覆盖掉父类的同名成员方法。如果要在子类中访问父类中同名成员方法,需要使用super关键字来进行引用。

(4)Object类

在Java中,java.lang.Object类是所有类的父类,如果一个类没有使用extends关键字明确标识继承另外一个类,那么这个类默认继承Object类,也就是说,所有类都是Object类的子类,都继承了Object类的方法和属性。

object类我们常用的有两个方法:toString()方法和equals()方法。

1)toString()方法

在Object类里面定义toString()方法时返回的对象的哈希code码(对象地址字符串),子类中可以通过重写toString()方法表示对象的属性。

【例3_7】 在main函数里面创建Dog类型对象,并输出该对象。

```
public class Dog {
    int age = 2;
    String name = "rose";
    public static void main(String[] args) {
        Dog dog  =  new Dog();
        System.out.println(dog);
    }
}
```

运行效果如图3-11所示。

```
Dog@b9e45a
```

图3-11　例3_7运行效果

从结果可以看到,输出的格式是:类名+内存地址,以"@"为分割符,前面是对象的类型,后面是对象的哈希值。

那如果想要得到对象的属性age和name,应该怎么做呢?很简单,改写父类的方法,相当于子类重写父类的方法,调用时是优先调用子类的toString()方法。

【例3_8】 在Dog类里面重写toString()方法。

```
public class Dog {
    int age = 2;
    String name = "rose";
    @Override
    public String toString() {
        return "Dog [age=" + age + ", name=" + name + "]";
    }
    public static void main(String[] args) {
        Dog dog  =  new Dog();
        System.out.println(dog);
    }
}
```

此时,继续执行main方法,运行效果如图3-12所示。

```
Dog [age=2, name=rose]
```

图3-12　例3_8运行效果

2)equals()方法

一般情况下,比较两个对象时是比较对象的引用是否指向同一块内存地址,如果要比较它们的值是否一致,那如何解决呢?思路也比较简单,重写equals()方法。

在不重写的情况下,先看程序执行情况,创建两个相同类型的对象,并判断对象是否相等。

【例3_9】 equals()对引用型数据的判断。

```
public class Dog {
    int age = 2;
    String name = "rose";
    public static void main(String[] args) {
        Dog dog  =  new Dog();
        dog.name = "jack";
        Dog dog1  =  new Dog();
        dog1.name = "jack";
        System.out.println(dog);
        System.out.println(dog1);
        if(dog.equals(dog1)){
```

```
            System.out.println("两个对象是相同的");
        }else{
            System.out.println("两个对象是不相同的");
        }
    }
}
```

运行效果如图3-13所示。

图3-13　例3_9运行效果

说明：两个对象分别new了一次，开辟了两个不同内存空间，内存地址不同。Object提供的equals()是用来比较对象的引用是否指向同一块内存地址。很显然，因为内存地址不一样，所以它们是不相等的，跟属性值是否一样完全没有任何关系。

一般情况下，需要判断对象的属性值相等，那么该如何重写equals()方法呢？

【例3_10】 重写equals()方法。

```
public class Dog {
    int age = 2;
    String name = "rose";
    @Override
    public boolean equals(Object obj) {
        //两个对象的引用是否相同，如果相同，说明两个对象就是同一个
        if (this == obj)
            return true;
        //如果比较对象为空，则不需要比较，肯定不相等
        if (obj == null)
            return false;
        //如果两个对象的类型是否相同，如果不同，属性肯定不相同
        if (getClass() != obj.getClass())
            return false;
        //转化成相同类型后，判断属性值是否相同
        Dog other = (Dog) obj;
        if (name == null) {
            f (other.name != null)
                return false;
        } else if (!name.equals(other.name))
```

```
            return false;
        return true;
    }
    public static void main(String[] args) {
        Dog dog  =  new Dog();
        dog.name = "jack";
        Dog dog1  =  new Dog();
        dog1.name = "jack";
        System.out.println(dog);
        System.out.println(dog1);
        if(dog.equals(dog1)){
            System.out.println("两个对象是相同的");
        }else{
            System.out.println("两个对象是不相同的");
        }
    }
}
```

此时,继续执行main方法,很显然得到了想要的效果,如图3-14所示。

图3-14　例3_10运行效果

3)equals()和==的区别

①在Java中,任何类型的数据都可以用"=="进行比较是不是相等,"=="一般用于基本数据类型的比较,比较器存储的值是否相等。但如果用于引用类型的比较,则是比较所指向对象的地址是否相等,在这点上,它跟Object类提供的equals方法的作用是一致的。

②对于equals方法,首先,不能用于基本数据类型的变量之间的相等比较;如果没有对equals方法进行重写,则比较的是引用类型的变量所指向的对象的地址;诸如String、Date等类都对equals方法进行了重写,比较的都是所指向的对象的内容。

(5)super关键字

super关键字:可以通过super关键字来实现对父类成员的访问,用来引用当前对象的父类。super主要有两种用法:

①super.成员变量/super.成员方法;

②super(parameter1,parameter2...)

第一种用法主要用来在子类中调用父类的同名成员变量或者方法;第二种主要用在子类的构造器中显示地调用父类的构造器。要注意的是,如果是用在子类构造器中,则必须是子类构造器的第一个语句。

【例3_11】 运行下面代码会得到什么结果?

```
class A{
    A(){
        System.out.println("in A");
    }
}
class B extends A{
    B(){
        System.out.println("in B");
    }
}
class Demo{
    public static void main(String [] args){
        B b = new B();
    }
}
```

运行效果如图3-15所示。

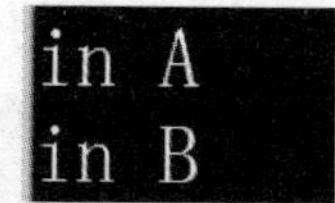

图3-15 例3_11运行效果

当子类的构造方法中没有显式地调用父类的构造方法,系统会在子类的构造方法的第一条语句处默认添加super()语句,来调用父类中无参的构造方法,相当于下列代码:

```
B(){
    super();
    System.out.println("in B");
}
```

(6)this关键字

super是指代父类的关键字,而this关键字表示指向自己的引用。

this关键字主要有3个应用:

①this调用本类中的属性,也就是类中的成员变量。

②this调用本类中的其他方法。

③this调用本类中的其他构造方法,调用时要放在构造方法的首行。

【例3_12】 this的用法。

```
public class A{
```

```
    int a;
    public A(){
        this(0);//调用本类其他构造方法 A(int a),传参数 0
    }
    public A(int a){
        this.a=a;
    }
    void m1(){
        int a=1;  //这个 a 是方法 m1 中的局部变量
        this.a=2; //这个 a 是类 A 中的属性 a
        System.out.println("在方法 m1 中");
    }
    void m2(){
        m1();//在 m2 中调用 m1,相当于 this.m1();
    }
}
```

如上程序所示，在构造方法A(int a)中，有一个形参也称a，和属性a重名，在方法中将形式参数a的值传递给成员变量a，虽然可以看明白这个代码的含义，但是作为Java编译器它是怎么判断的呢？到底是将形式参数a的值传递给成员变量a，还是反过来将成员变量a的值传递给形式参数a呢？此时this这个关键字就起到作用了。

this这个关键字其代表的就是调用该属性或方法的对象。为此在上面这个代码"this.a=a；"中this指代的就是当前创建的对象，就是将形式参数a的值传递给成员变量a。而在方法m2中，this.m1()，this指代的是调用m2这个方法的对象，谁调用m2，this就指代谁，这就是上面这个代码的具体含义。

(7)方法重载

方法重载(Overloading)的定义：如果有两个方法的方法名相同，但参数不一致，那么可以说一个方法是另一个方法的重载。方法重载必须名称一致，参量不同。对返回值类型和访问权限没有限制，可以相同也可以不同。方法名称相同时，编译器会根据调用方法的参数个数、参数类型等逐个匹配，以选择对应的方法，如果匹配失败，则编译器报错。

说明：

- 参数列表不同，包括个数不同、类型不同和顺序不同。
- 仅仅参数变量名称不同是不可以的。
- 跟成员方法一样，构造方法(构造器)也可以重载。
- 声明为final的方法不能被重载。
- 声明为static的方法不能被重载，但是能够被再次声明。

例如，以下定义的方法都是与方法public void m(int a，int b)重载。

```
int m(float f)
private void m(int a,int b,int c)
public void m(String s)
```

但是以下方法不与方法public void m(int a, int b)重载,两者参量相同。

public void m(int b, int a)

和普通方法一样,构造方法也能重载。

【例3_13】 构造方法的重载。

```
public class Person {
   int id;
   int age;
   public Person() {
        id=0;
        age=20;
   }
   //构造方法重载一
   public Person(int i) {
        id=i;
        age=20;
   }
   //构造方法重载二
   public Person(int i,int j) {
        id=i;
        age=j;
   }
}
```

(8)方法重写

重写是子类对父类允许访问的方法的实现过程进行重新编写,返回值和形参都不能改变,即外壳不变,核心重写。重写的好处在于子类可以根据需要定义特定于自己的行为。也就是说子类能够根据需要实现父类的方法。

方法的重写规则:

- 参数列表必须完全与被重写方法的相同。
- 返回类型必须完全与被重写方法的返回类型相同。
- 访问权限不能比父类中被重写的方法的访问权限更低。例如:如果父类的一个方法被声明为public,那么在子类中重写该方法就不能声明为protected。
- 声明为final的方法不能被重写。
- 声明为static的方法不能被重写,但是能够被再次声明。

• 重写的方法能够抛出任何非强制异常，无论被重写的方法是否抛出异常。但是，重写的方法不能抛出新的强制性异常，或者比被重写方法声明更广泛的强制性异常，反之则可以。

• 构造方法不能被重写。

• 如果不能继承一个方法，则不能重写这个方法。

【例3_14】 方法的重写。

```
class Animal{
   public void move(){
        System.out.println("动物可以移动");
   }
}

class Dog extends Animal{
   public void move(){
        System.out.println("狗可以跑和走");
   }
}
class Fish extends Animal{
   public void move(){
        System.out.println("鱼可以游");
   }
}
public class TestDog{
   public static void main(String args[]){
        Animal a = new Animal(); // Animal 对象
        Animal b = new Dog(); // Dog 对象
        Animal c = new Fish(); // Fish 对象
        a.move();// 执行 Animal 类的方法
        b.move();//执行 Dog 类的方法
        c.move();//执行 Fish 类的方法
   }
}
```

运行效果如图3-16所示。

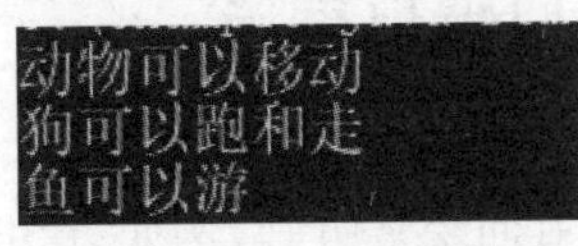

图3-16 例3_14运行效果

代码示例

```
public class Person{
    String name;
    int age;
    String address;
    char sex;
    double weight;
    public Person(String name,int age,String address,char sex,double weight){
            this.name=name;
            this.age=age;
            this.address=address;
            this.sex=sex;
            this.weight=weight;
    }
    public void showInfo(){
        System.out.println("我是:"+this.name+",性别:"+this.sex+",今年"+this.age+"岁,体重"
+this.weight+",家庭住址:"+this.address);
    }
}


public class StudentInfo extends Person{
    String school;
    public StudentInfo(String name, int age, String address, char sex, double weight){
        super(name, age, address, sex, weight);
        this.school=school;
    }
    public void showInfo(){
        System.out.println("我是:"+super.name+",性别:"+super.sex+",今年"+super.age+"
岁,体重"+super.weight+",家庭住址:"+super.address+",我的学校是:"+this.school);
    }
}
```

资讯3　设计USB接口模拟程序

资讯描述

在日常的生活中,接口这一名词经常听到,例如:USB接口(图3-17)、打印接口、充电接口等。

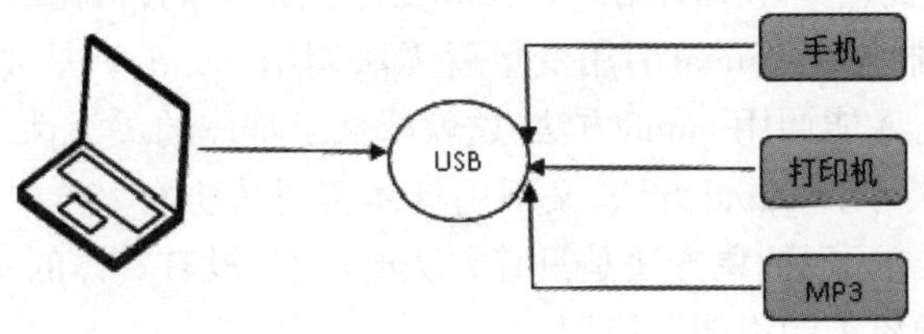

图3-17　USB接口示例

如果要进行开发，首先要开发出USB接口标准，然后设备厂商才可以设计出USB设备。

现在假设每一个USB设备只有两个功能：安装驱动程序和工作。编写程序模拟计算机USB接口功能。

资讯分析

USB接口可以用在各种USB接口设备，如手机、打印机、MP3等，根据任务描述，USB设备插入接口时完成安装驱动、工作两个功能。当手机或打印机插入USB接口时，它们的表现是不一样的。因此，设计USB接口框架时，留出安装驱动install()和设备工作work()两个抽象方法，不实现具体功能，这些功能留给手机或打印机实现类中去完成，步骤如下：

①定义USB接口框架，声明install()和work()两个抽象方法。

②定义手机、打印机、MP3等USB设备，实现install()和work()的具体功能。

③定义计算机类Computer，将USB接口应用到计算机类中。

④定义测试类，模拟手机、打印机、MP3等设备接入计算机时USB接口的工作过程。

相关知识

(1)抽象类

1)什么是抽象类

在面向对象的概念中，所有的对象都是通过类来描绘的，但是反过来，并不是所有的类都是用来描绘对象的，如果一个类中没有包含足够的信息来描绘一个具体的对象，这样的类就是抽象类。

抽象类除了不能实例化对象之外，类的其他功能依然存在，成员变量、成员方法和构造方法的访问方式和普通类一样。由于抽象类不能实例化对象，所以抽象类必须被继承，才能被使用。也是因为这个原因，通常在设计阶段需要决定要不要设计抽象类。

在Java中抽象类表示的是一种继承关系，一个类只能继承一个抽象类，而一个类却可以实现多个接口。

当设计一个Java类时，常常在该类中定义一些方法，这些方法用以描述该类的行为动作，这些方法都有具体的方法体。但是，在一些特殊情况下，某个父类只知道子类应该包含怎样的方法，但无法准确知道子类如何实现这些方法。如前面定义的动物类Animal，假设这个类有一个方法sound，用来描述动物的叫声，那么在Animal类中，这个方法就无法具体出来，因为不同的动物叫声是不同的，甚至有些动物无法发声，因此，这个方法只能有Animal的子类根据子类特点完成sound方法的功能。那么问题来了，既然Animal类不知道如何实现sound方法的功能，那干脆在Animal中不要这个方法了，为什么要设计这个方法呢？其实，这样设计主要是利用多态的特性来提高程序的灵活性。假设有一个Animal

类型的引用变量，该变量实际上引用的是Animal子类的实例，根据继承规则，如果Animal中没有sound方法，那么该Animal引用变量就无法调用sound方法，必须将其强制类型转换，转换为子类类型，才能调用sound方法，这就降低了程序的灵活性。

如何让Animal类中有sound方法，又不用具体实现其功能呢？把sound方法定义为抽象方法就可以满足要求了，抽象方法是只有方法的声明，没有具体的实现方法。

2)抽象方法和抽象类的声明及应用

抽象方法和抽象类必须使用abstract修饰符来定义，有抽象方法的类必须被定义为抽象类，但抽象类中可以没有抽象方法。

抽象方法的声明语法如下：

[修饰符] abstract 返回值类型 方法名(参数列表)；

说明：

①抽象方法只需要给出方法头，不需要方法体，以分号";"结束。

②构造方法不允许声明为抽象方法。

③抽象方法必须为public或者protected(因为如果为private，则不能被子类继承，子类便无法实现该方法)，缺省情况下默认为public。

抽象类的声明语法如下：

[修饰符] abstract class 类名{
方法体
}

说明：

①抽象类可以包含普通方法，也可以不包含普通方法。

②抽象类可以包含抽象方法，也可以不包含抽象方法。

③如果一个类中有抽象方法，那么这个类必须是抽象类。

④抽象类是不能实例化。

⑤抽象类的子类只有实现父类中所有的抽象方法，才可以实例化子类对象。

⑥如果子类中有一个抽象方法，该子类也必须是抽象类。

注意：抽象方法和空方法体的方法不是同一个概念。

例如：

public abstract void test()；//这是一个抽象方法

public void test(){}　　　//这是一个空方法体的方法

下面举例说明抽象类的设计及使用。

【例3_15】 定义一个抽象类Animal，其中bark方法声明为抽象方法。

```
public abstract class Animal {
    //抽象类中可以有非抽象方法，也可以有成员变量
    private int a = 10;
    public abstract void bark();
    //如果没有此抽象方法，但是 class 前有 absract 修饰，也是抽象类，也不能实例化
    public void say() {
```

```
    //普通成员方法
        System.out.println("我是抽象类中的非抽象方法,此抽象类中的私有成员变量 a= " + a);
    }
    public int getA() {
        return a;
    }
    public void setA(int a) {
        this.a = a;
    }
}
public class Dog extends Animal{
    public void bark() {        //子类实现 Animal 的抽象方法
        System.out.println("汪汪~汪汪~");
        System.out.println("我是子类,不能直接调用父类的私有变量 a  :(");
        System.out.println("我是子类,只有通过 super.getA()调用父类的私有变量 a:" + super.
getA());
    }
}
public class Test {
    public static void main(String[] args) {
        Dog dog = new Dog();
        dog.say();   //子类继承调用 Animal 的普通成员方法
        dog.bark();   //子类调用已经实现过的方法
    }
}
```

运行效果如图3-18所示。

```
我是抽象类中的非抽象方法，此抽象类中的私有成员变量a= 10
汪汪~汪汪~
我是子类，不能直接调用父类的私有变量a  :  (
我是子类，只有通过super.getA()调用父类的私有变量a: 10
```

图3-18　例3_15运行效果

(2)接口

1)接口的概念

在IT和互联网领域里面,这个词在不同场景下都会出现,比如"USB接口""让后台给我提供一个接口,我直接调用这个接口""这里你设计一个接口,我来实现",分别对应于硬件场景、后台场景以及面向对象的程序设计场景。那么什么是接口？抽象地说,接口就是提供具体能力的一个标准和抽象。

接口就是提供一种别人可调用能力的标准,比如你写一封简历找工作,这个简历就是你的接口,这个接口描述了你具备的能力,比如有以下3点:①熟练使用Java;②有5年项目经验;③具备非常强的协调能力。对外暴露了这个接口之后,老板看你具备这3项能力,聘用了你。领导说,项目需要经验丰富的工程师,那就调用你的第二项能力。这个例子表明,任何一个接口都被定义成了能力的集合(就是指例子中那3种),这个例子解释了接口提供的能力。

那么,接口为什么是一个标准和抽象呢?大家都知道这个USB接口是一个国际标准,用来连接设备的,这个国际标准定义了什么呢,定义了USB接口全部可以对手机进行充电,并且可以传输数据,而且还定义了相应的电压和电流标准等。那真正在市场上出售的USB,有可能是华硕、三星这样的大厂家做的,也有可能是东莞一个手工作坊出的,但是它们都遵从了这个国际标准,不遵从的话,显然根本就卖不出去,因为这个接口连不上PC和手机。这段话包括了两层意思,第一层意思是接口的定义是一套标准和抽象的能力,在接口中只是声明出来,让别人去实现。第二层意思是接口的标准被定义后,实现者可能是另外的完全不相关的实体。

目前讲了3层意思:

- 接口定义了一组能力。
- 接口有定义者和实现者。
- 接口定义一般是抽象的,不包括具体的实现。

接口象征着提供出来的能力,定义者和实现者一般是不同的,调用者并不需要关注具体细节,只需要关注接口暴露出来的能力就可以了。如果程序员说,需要定义一套接口,那么他的意思是在抽象一种能力集,保证调用者只需要知道这个能力并调用,并不需要知道如何实现的,而实现者也不需要关心谁会调用,只需要把功能设计开发好就可以。接口的这种思想,首先保证了大规模程序开发的可行性,通过接口的设计,一个系统被清晰地定义成了多种能力的集合,每一个开发者只关注自己的模块实现就好了,而调用者才负责完成整个程序的业务逻辑。

2)Java的接口

接口(Interface),在Java编程语言中是一个抽象类型,是抽象方法的集合,接口通常以interface来声明。一个类通过继承接口的方式,从而来继承接口的抽象方法。接口并不是类,编写接口的方式和类很相似,但是它们属于不同的概念。类描述对象的属性和方法。接口则包含类要实现的方法。除非实现接口的类是抽象类,否则该类要定义接口中的所有方法。接口无法被实例化,但是可以被实现。一个实现接口的类,必须实现接口内所描述的所有方法,否则就必须声明为抽象类。另外,在Java中,接口类型可用来声明一个变量,他们可以成为一个空指针,或是被绑定在一个以此接口实现的对象。

Java中接口的声明语法格式如下:

```
[访问修饰符] interface 接口名称 [extends 其他的类名] {
// 声明变量
// 抽象方法
}
```

接口中可以含有变量和方法。但是要注意,接口中的变量会被隐式地指定为public static final变量(并且只能是public static final变量,用private修饰会报编译错误),而方法

会被隐式地指定为public abstract方法且只能是public abstract方法(用其他关键字,比如private、protected、static、final等修饰会报编译错误),并且接口中所有的方法都不能有具体的实现,也就是说,接口中的方法必须都是抽象方法。

从这里可以隐约看出接口和抽象类的区别,接口是一种极度抽象的类型,它比抽象类更加"抽象",并且一般情况下,不在接口中定义变量。因此,如果一个类只由抽象方法和全局常量组成,那么在这种情况下,不会将其定义为一个抽象类。只会定义为一个接口,所以接口严格地来讲属于一个特殊的类,而这个类里面只有抽象方法和全局常量,就连构造方法也没有。

例如:定义一个接口。

```
interface A{//定义一个接口
    public static final String MSG = "hello";//全局常量
    public abstract void print();//抽象方法
}
```

3)接口的使用

①由于接口里面存在抽象方法,所以接口对象不能直接使用关键字new进行实例化。接口的使用原则如下:

- 接口必须要有子类,但此时一个子类可以使用implements关键字实现多个接口。
- 接口的子类,如果不是抽象类,那么必须要重写接口中的全部抽象方法。
- 接口的对象可以利用子类对象的向上转型进行实例化。

【例3_16】 定义接口A和B,并定义子类X实现接口A、B,父类变量指向子类对象。

```
interface A{//定义一个接口 A
    public static final String MSG = "hello";//全局常量
    public abstract void print();//抽象方法
}
interface B{//定义一个接口 B
    public abstract void get();
}
class X implements A,B{//X 类实现了 A 和 B 两个接口
    @Override
    public void print() {
        System.out.println("接口 A 的抽象方法 print()");
    }
    @Override
    public void get() {
        System.out.println("接口 B 的抽象方法 get()");
    }
```

```
}
public class TestDemo {
    public static void main(String[] args){
        X x = new X();//实例化子类对象
        A a = x;//向上转型
        B b = x;//向上转型
        a.print();
        b.get();
    }
}
```

运行效果如图3-19所示。

```
接口A的抽象方法print()
接口B的抽象方法get()
```

图3-19　例3_16运行效果

以上的代码实例化了X类的对象，由于X类是A和B的子类，那么X类的对象可以变为A接口或者B接口对象。接下来我们把测试主类代码改一下：

【例3_17】 声明为接口A的对象，通过强制类型转换为接口B的对象。

```
interface A{//定义一个接口 A
    public static final String MSG = "hello";//全局常量
    public abstract void print();//抽象方法
}
interface B{//定义一个接口 B
    public abstract void get();
}
class X implements A,B{//X 类实现了 A 和 B 两个接口
    @Override
    public void print() {
        System.out.println("接口 A 的抽象方法 print()");
    }
    @Override
    public void get() {
        System.out.println("接口 B 的抽象方法 get()");
    }
}
public class TestDemo {
    public static void main(String[] args){
        A a = new X();
```

```
        B b = (B) a;
        b.get();
    }
}
```

运行效果如图3-20所示。

接口B的抽象方法get()

图3-20　例3_17运行效果

再来做个验证。

【例3_18】 对于例3_17中接口A和B的对象，实际上是同一个对象，在内存中指向同一块内存区域。

```
interface A{//定义一个接口 A
    public static final String MSG = "hello";//全局常量
    public abstract void print();//抽象方法
}
interface B{//定义一个接口 B
    public abstract void get();
}
class X implements A,B{//X 类实现了 A 和 B 两个接口
    @Override
    public void print() {
        System.out.println("接口 A 的抽象方法 print()");
    }
    @Override
    public void get() {
        System.out.println("接口 B 的抽象方法 get()");
    }
}
public class TestDemo {
    public static void main(String[] args){
        A a = new X();
        B b = (B) a;
        b.get();
        System.out.println(a instanceof A);
        System.out.println(a instanceof B);
    }
}
```

运行效果如图3-21所示。

```
接口B的抽象方法get()
true
true
```

图3-21　例3_18运行效果

可以发现，从定义结构来讲，A和B两个接口没有任何直接联系，但这两个接口却拥有同一个子类。我们不要被类型和名称所迷惑，因为实例化的是X子类，而这个类对象属于B类的对象，所以以上代码可行，只不过从代码的编写规范来讲，这种书写方式并不推荐，以上示例仅仅是为了展示接口和实现接口的子类的对象的关系特点。

②对于子类而言，除了实现接口外，还可以继承抽象类。若既要继承抽象类，同时还要实现接口的话，则使用以下语法格式：

```
class 子类 [extends 父类] [implemetns 接口 1,接口 2,...] {}
```

【例3_19】　子类对接口及抽象类的同时实现。

```
interface A{//定义一个接口 A
    public static final String MSG = "hello";//全局常量
    public abstract void print();//抽象方法
}
interface B{//定义一个接口 B
    public abstract void get();
}
abstract class C{//定义一个抽象类 C
    public abstract void change();
}
class X extends C implements A,B{//X 类继承 C 类，并实现了 A 和 B 两个接口
    @Override
    public void print() {
        System.out.println("接口 A 的抽象方法 print()");
    }
    @Override
    public void get() {
        System.out.println("接口 B 的抽象方法 get()");
    }
    @Override
    public void change() {
        System.out.println("抽象类 C 的抽象方法 change()");
    }
}
```

对于接口，因为里面的组成只有抽象方法和全局常量，所以很多时候为了书写简单，可以不用写 public abstract 或者 public static final。并且，接口中的访问权限只有一种 public，即：定义接口方法和全局常量的时候就算没有写上 public，那么最终的访问权限也是 public，注意不是 default。以下两种写法是完全等价的。

```
interface A{
    public static final String MSG = "hello";
    public abstract void print();
}
等价于
interface A{
    String MSG = "hello";
    void print();
}
```

但是，这样会不会带来什么问题呢？如果子类中的重写方法也不是 public，我们来看下面的示例。

【例 3_20】 定义接口 X，采用默认形式定义抽象方法 print。

```
interface A{
    String MSG = "hello";
    void print();
}
class X implements A{
    void print() {
        System.out.println("接口 A 的抽象方法 print()");
    }
}
public class TestDemo {
    public static void main(String[] args){
        A a = new X();
        a.print();
    }
}
```

运行效果如图 3-22 所示。

```
TestDemo.java:6: 错误: X中的print()无法实现A中的print()
void print() {

  正在尝试分配更低的访问权限; 以前为public
1 个错误
```

图3-22　例3_20运行效果

这是因为接口中默认是public修饰,若子类中没用public修饰,则访问权限变严格了,给子类分配的是更低的访问权限。所以,在定义接口时,强烈建议在抽象方法前加上public,子类也加上。例3_20代码改写如下:

【例3_21】 子类实现接口的抽象方法时,访问权限应为public。

```
interface A{
   String MSG = "hello";
   public void print();
}
class X implements A{
   public void print() {
        System.out.println("接口 A 的抽象方法 print()");
   }
}
public class TestDemo {
   public static void main(String[] args){
        A a = new X();
        a.print();
   }
}
```

运行效果如图3-23所示。

```
接口A的抽象方法print()
```

图3-23　例3_21运行效果

③在Java中,一个抽象类只能继承一个抽象类,但一个接口却可以使用extends关键字,同时继承多个接口(但接口不能继承抽象类)。

【例3_22】 定义一个接口C,继承接口A和接口B。

```
interface A{
   public void funA();
}
interface B{
   public void funB();
}
```

```
//C 接口同时继承了 A 和 B 两个接口
interface C extends A,B{//使用的是 extends
    public void funC();
}
class X implements C{
    @Override
    public void funA() {  }
    @Override
    public void funB() {  }
    @Override
    public void funC() {  }
}
```

由此可见，从继承关系来说，接口的限制比抽象类少：

• 一个抽象类只能继承一个抽象父类，而接口可以继承多个接口。

• 一个子类只能继承一个抽象类，却可以实现多个接口（在Java中，接口的主要功能是解决单继承局限问题）。

④从接口的概念上来讲，接口只能由抽象方法和全局常量组成，但是内部结构是不受概念限制的，正如抽象类中可以定义抽象内部类一样，在接口中也可以定义普通内部类、抽象内部类和内部接口（但从实际的开发来讲，用户自己去定义内部抽象类或内部接口是比较少见的），如在接口中定义一个抽象内部类。

【例3_23】 在接口A中声明抽象类B。

```
interface A{
    public void funA();
    abstract class B{//定义一个抽象内部类
        public abstract void funB();
    }
}
```

在接口中如果使用了static去定义一个内部接口，它表示一个外部接口。

【例3_24】 在接口A中定义外部接口B。

```
interface A{
public void funA();
    static interface B{//使用了 static,是一个外部接口
    public void funB();
    }
```

```
}
class X implements A.B{
    @Override
    public void funB() { }
}
```

代码示例

```
//定义一个 USB 的标准:
interface USB {  // 操作标准
    public void install() ;
    public void work() ;
}
//在电脑上应用此接口:
class Computer {
    public void plugin(USB usb) {
        usb.install() ;
        usb.work() ;
    }
}
//定义 USB 设备—手机:
class Phone implements USB {
    public void install() {
        System.out.println("安装手机驱动程序。") ;
    }
    public void work() {
        System.out.println("手机与电脑进行工作。") ;
    }
}
//定义 USB 设备—打印机:
class Print implements USB {
    public void install() {
        System.out.println("安装打印机驱动程序。") ;
    }
    public void work() {
        System.out.println("进行文件打印。") ;
    }
}
//定义 USB 设备—MP3:
```

```
class MP3 implements USB {
    public void install() {
        System.out.println("安装 MP3 驱动程序。");
    }
    public void work() {
        System.out.println("进行 MP3 拷贝。");
    }
}
//测试主类:
public class TestDemo {
    public static void main(String args[]) {
        Computer c = new Computer();
        c.plugin(new Phone());
        c.plugin(new Print());
        c.plugin(new MP3());
    }
}
```

资讯4　设计用户登录界面

资讯描述

设计并实现一个用户登录界面,效果如图3-24所示,实现获取用户填充的账号密码,点击"OK"按钮时输出到控制台。

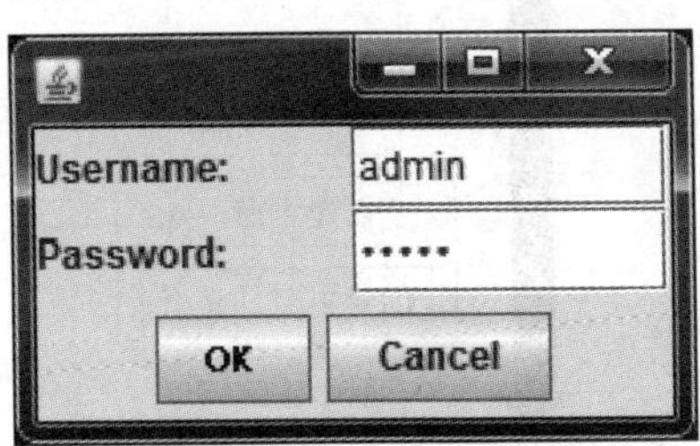

图3-24　用户登录界面

资讯分析

根据任务描述,本任务只需设计程序界面即可,可以按以下步骤实现:

①构建一个图形用户的窗体。

②窗体分成上下部分,上部分分成两行两列4个单元格。

③窗体上方4个单元格分别使用JLabel、JTextField和JPasswordField组件。

④在窗体下方位置按顺序放置一个JPanel容器组件,把2个按钮依次添加到JPanel上。

⑤捕获按钮被按下的动作,需要对按钮注册监听器,实现按钮按下后要执行的代码。

相关知识

(1)GUI概述

1)GUI程序设计原理

GUI(Graphical User Interface)即图形用户接口,是指用图形方式显示计算机操作的用户界面,它能够使应用程序看上去更加友好。相比于早期的计算机使用的命令行,图形界面对于用户来讲更易于接受。

①命令行应用程序:一种基于顺序执行结构的可执行程序,如Linux操作系统上的ls、gcc、ifconfig命令。这种可执行程序在执行过程中并不需要与用户交互,程序执行到最后,用户得到运行结果,如产生一个可执行程序或者给出错误信息。程序的运行有固定的开始和固定的结束,如图3-25所示。

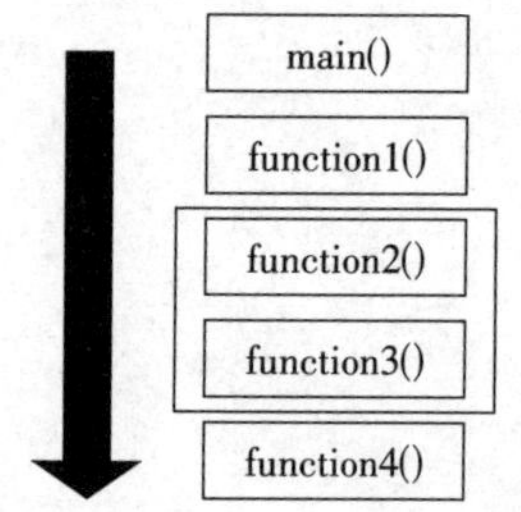

图3-25　命令行程序运行模式

②图形界面应用程序:随着计算机技术的发展,计算机日趋平民化,计算机用户不再是专业的计算机工作者。为方便非计算机专业的用户操作计算机,就产生了图形界面应用程序,如图3-26所示。GUI程序是一种基于消息驱动模型的可执行程序,程序的执行依赖于和用户的交互,实时响应用户操作。GUI程序执行后不会主动退出。

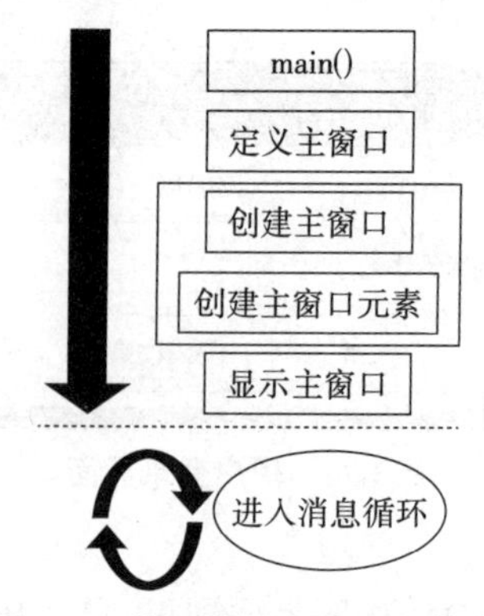

图3-26　图形界面程序运行模式

GUI应用程序都是基于窗口的,图3-26揭示了GUI应用程序的原理。不论是基于跨平台的QT GUI应用程序,还是基于Windows的MFC等其他GUI应用程序,原理都是如此。

GUI程序执行后不会主动退出,都停留在接收消息界面,根据消息执行相应操作的循环。消息处理模型如图3-27所示。

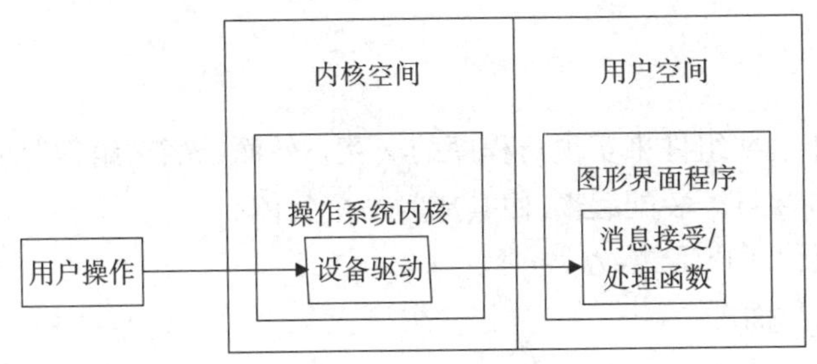

图3-27 消息处理模型

当用户操作(如鼠标点击、按下键盘按键)时,操作系统内核会感知到用户操作,根据用户的操作类型生成相应的系统消息,然后将系统消息发送给拥有焦点的(用户当前操作的)应用程序,接着应用程序收到系统发送的消息并响应、处理(消息被扔到应用程序的消息队列,应用程序从消息队列中取出一个个消息并由消息处理函数处理),当不存在用户操作时,GUI应用程序处于停滞状态。多数时候,GUI应用程序编程即是编写处理消息的消息处理函数。

以触摸屏为例,当用户点击触摸屏时,首先感知到屏幕上被触摸的XY坐标是操作系统内核空间的触摸屏设备驱动程序,然后设备驱动程序会将用户操作封装成消息传递给GUI程序运行时创建的消息队列,最后GUI程序在运行过程中需要实时处理队列中的消息,当队列没有消息时,程序将处于停滞状态。

2)Java平台上的GUI

早期,计算机向用户提供的是单调、枯燥、纯字符状态的"命令行界面(CLI)"。就是到现在,还可以依稀看到它们的身影:如在Windows中开个DOS窗口,就可看到历史的足迹。后来,Apple公司率先在计算机的操作系统中实现了图形化的用户界面(Graphical User Interface,GUI),但由于Apple公司封闭的市场策略,自己完成计算机硬件、操作系统、应用软件一条龙的产品,与其他PC不兼容,这使得Apple公司错过了一次一统全球PC的好机会。再后来,著名的Microsoft公司推出了风靡全球的Windows操作系统,它凭借着优秀的图形化用户界面,一举奠定了操作系统标准的地位。这也造就了世界首富——比尔•盖茨和IT业的泰山北斗——微软公司。

在这图形用户界面风行于世的今天,一个应用软件没有良好的GUI是无法让用户接受的。而Java语言也深知这一点的重要性,它提供了一套可以轻松构建GUI的工具。在Java语言提供的GUI构建工具中,可以分为"组件(component)"和"容器(container)"两种。

在Java语言中,提供了以下组件:

• 按钮。
• 标签。
• 复选框。
• 单选按钮。
• 选择框。
• 列表框。
• 文本框。
• 滚动条。

• 画布。

• 菜单。

用户通过操作这些组件来实现与程序的交互。然而，光有“组件”是组不成程序，必须使用“容器”将这些“组件”装配起来，使其成为一个整体。

Java语言还提供了以下“容器”：

• 程序的启动封面。

• 窗体。

• 对话框。

Java语言是通过AWT（抽象窗体化工具包）和Java基础类库（JFC或更常用的Swing）来提供这些GUI部件的。其中AWT是Java语言中最原始的GUI工具包，属于Java基础类库（JFC）的一部分，相关API位于java.awt包中。现在有许多功能已被Swing取代并得到了很大的增加与提高，因此一般情况下，很少使用java.awt，但是AWT中还是包含了最核心的功能，通常，一个Java的GUI程序至少还要使用下面几个类：

• java.awt.Color：基本颜色定义 。

• java.awt.Font：基本字体定义 。

• java.awt.Cursor：光标操作定义。

而Swing则存放在javax.swing包中。在Java的GUI程序的最前面加上以下两句就可以使用该包中的类。

```
import java.awt.*;
import javax.swing.*;
```

用Java开发一个GUI程序，通常需要以下几步：

①构建一个顶层容器。

②构建一个组件。

③用容器的add方法将组件加入这个容器中。

（2）AWT和Swing

Java语言中，处理图形用户界面的类库主要是java.awt包和javax.swing包。

1）AWT

AWT是Abstract Windows Toolkit（抽象窗体工具包）的缩写。“抽象窗体”使得开发人员所设计的界面独立于具体的界面实现。也就是说，开发人员用AWT开发出的图形用户界面可以适用于所有的平台系统。当然，这仅是理想情况。实际上AWT的功能还不是很完全，Java程序的图形用户界面在不同的平台上，可能会出现不同的运行效果，如窗口大小、字体效果将发生变化等。

2）Swing

javax.swing包是JDK 1.2以后版本所引入的图形用户界面类库，Swing是功能强大的Java的基础类库（JFC）的一部分，其中定义的Swing GUI组件相对于java.awt包的各种GUI组件增加了许多功能。在开发图形用户界面的应用时，使用最多的就是Swing技术。但是，并不是说Swing的出现，AWT就过时了，Swing就能取代AWT，Swing和AWT的关系如下：

①AWT是随早期Java一起发布的GUI工具包，是所有Java版本中都包含的基本GUI工具包，其中不仅提供了基本的控件，而且还提供了丰富的事件处理接口。Swing则是建立在AWT 1.1中引入的轻量级工具之上的，也就是说AWT是Swing大厦的基石。

②AWT中提供的控件数量很有限，远没有Swing丰富，例如Swing中提供的JTable，JTree等高级控件在AWT中就没有。另外，AWT中提供的都是重量级控件，如果编写的程序希望运行在不同的平台上，必须在每一个平台上单独测试，无法真正实现"一次编写，随处运行"。

③Swing的出现并不是为了替代AWT，而只是提供功能更丰富的开发选择，Swing中使用的事件处理机制就是AWT 1.1提供的。因此在实际开发中会同时使用Swing与AWT，但一般控件只采用Swing，而开发很多辅助类时，需要使用AWT，特别是在进行事件处理开发时。

所以，Swing与AWT是合作的关系，并不是用Swing取代AWT。

(3)GUI组件分类

1)组件

Java中构成图形用户界面的各种元素称为组件(Component)。Sun公司提供了AWT包和Swing包，在这两个包中，定义了很多组件类，只不过AWT是调用本地系统资源生成图形化界面，需要依赖本地平台，因此AWT包中的组件类所实现的图形界面依赖于底层的操作系统，容易发生于特定平台相关的故障。而Swing包是Sun公司对AWT进行了升级，基于AWT推出的一种更稳定、更通用和更灵活的库，提供了和AWT中等同的所有的组件类，也就是说，在Swing包中，重新定义了AWT包中的所有的类，为了区分和AWT包中的类，Swing包中的类名的前面多加了一个"J"，如：AWT中的Frame类，在Swing包中叫JFrame。Swing组件不再依赖底层的操作系统，真正实现了跨平台。本章后面主要介绍Swing组件。

组件分容器类和非容器类。容器类本身也是组件，但容器类中可以包含其他组件，当然也可以包含其他容器。非容器类的组件较多，如按钮(JButton)、标签(JLabel)等。

AWT中的组件根类：

类 Component

java.lang.Object

java.awt.Component

Swing中的组件根类：

javax.swing

类 JComponent

java.lang.Object

java.awt.Component

java.awt.Container

javax.swing.JComponent

组件类的实例可以显示在屏幕上，从继承关系中可以看到，Component类是所有组件的抽象父类，是包括容器类的所有用户界面类的根类，它是java.awt中的类，对应的Swing中的是JComponent。Component和JComponent都是抽象类，不能使用new关键字创建对象，需要使用它们的具体的实现类来创建对象。

在AWT中，典型图形用户界面中的按钮(Button)、复选框(Checkbox)和滚动条(Scrollbar)都是组件类，都是Component类的子类。在Swing中的GUI组件，有对应的JButton、JCheckBox、JScrollBar。每个容器和组件都有一些常用的方法。

①组件的颜色：

- public void setBackground(Color c); //设置组件的背景色
- public void setForeground(Color c); //设置组件的前景色
- public Color getBackground(Color c); //获取组件的背景色
- public Color getForeGround(Color c); //获取组件的前景色

这里的Color类是java.awt包中的类。用Color类的构造方法public Color(int red, int green, int blue)可以创建一个颜色对象，3个颜色值取值为0~255。Color类还有red、blue、green、orange、cyan、yellow、pink等静态常量。

②组件的字体：

- public void setFont(Font f); //设置组件上的字体。
- public Font getFont(Font f); //获取组件上的字体。
- public Font(String name, int style, int size); //构造方法。

name：字体名称，如果系统中无该字体，则取默认的字体名字。

style：字体的式样，取值是一个整数，其有效取值为：Font.BOLD，Font.PLAIN，Font.ITALIC，Font.ROMAN_BASELINE，Font.CENTER_BASELINE，Font.HANGING_BASELINE，Font.TRUETYPE_FONT

size：字体的大小，单位是磅(如5号字体是12磅)。

- 获取系统中有哪些字体名字可用的方法：

```
GraphicsEnvironment ge=GraphicsEnvironment getLocalGrphicsEnvironment();
String fontName[]=ge.getAvailableFontFamilyNames();
```

③组件的激活与可见性：

- public void setEnabled(boolean b); //设置组件是否被激活。
- public boolean isEnabled(); //判断组件是否为激活状态。
- public void setCisible(boolean b); //设置组件是否可见。
- public boolean isVisible(); //判断组件是否可见。

2)容器类

容器(Container)又分为两种，顶级容器和非顶级容器。顶级容器是可以独立存在的窗口，顶级容器的类是Window，Window的重要子类是AWT包中的Frame和Dialog，对应Swing包中的是JFrame和JDialog。非顶级容器，不是独立的窗口，它们必须位于窗口之内，非顶级容器包括AWT包中的Panel和ScrollPane等，对应Swing包中的JPanel和JScrollPane。这里先简单介绍容器组件JFrame。

JFrame是一个窗口容器组件，与其他的Swing组件不同。JFrame组件不是用纯Java语言编写的，是一个重量级的组件，其中包含了操作系统中部分GUI的方法。所谓重量级组件，实际上就是说该组件在创建时，都会有一个相应的本地计算机中的组件在为它工作。

JFrame可以被显示在用户桌面上，同时也可以在其中添加其他需要的Swing组件。但需要注意的是，在创建了Swing窗体后，是不能够直接把组件添加到创建的窗体中的，Swing窗体含有一个称为内容面板的容器，组件只能添加到Swing窗体对应的内容面板中。创建Swing窗体对应的内容面板时，可以使用Container类中的getContentPane()方法获得内容面板对象。例如：

Container comtent = getContentPane();//获得内容面板

JFrame组件的继承关系如图3-28所示。

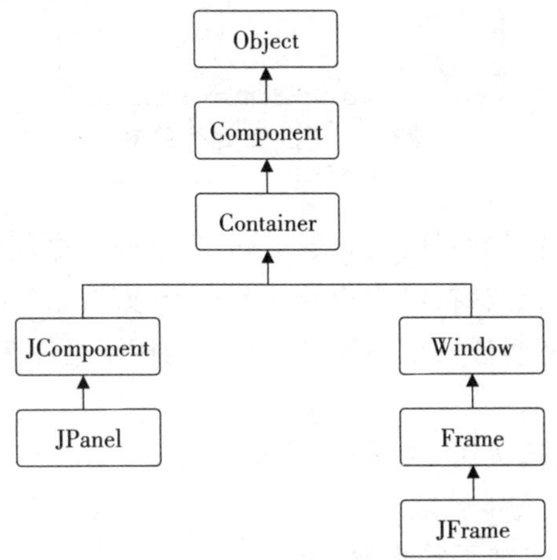

图3-28　JFrame组件的继承关系图

JFrame是一个可以独立显示的组件，一个窗口通常包含有标题、图标、操作按钮(关闭、最小化、最大化)，还可以为窗口添加菜单栏、工具栏等。一个进程中可以创建多个窗口，也可以在适当的时候进行显示、隐藏或销毁。

【例3_25】　创建一个窗体，设置大小并显示出来。

```
import javax.swing.*;
public class Demo{
   public static void main(String[] args){
       //构建顶级容器 frame
       JFrame frame = new JFrame("我的窗体");
       //设置窗体关闭按钮可用
       frame.setDefaultCloseOperation(JFrame.EXIT_ON_CLOSE);
       //设定 frame 的大小
       frame.setSize(300, 300);
       //最后把 frame 显示出来
       frame.setVisible(true);
   }
}
```

运行效果如图3-29所示。

图3-29　例3_25运行效果

3)非容器类组件

非容器类组件又称为控制组件,与容器不同,它里面不再包含其他组件。控制组件的作用是完成与用户的交互,包括接收用户的一个命令(如按钮)、接收用户的一个文本或选择输入,向用户显示一段文本或一个图形等。常用的控制组件有以下几种。

命令类:按钮(JButton);

选择类:单选按钮、复选按钮 、列表框、下拉框;

文字处理类:文本框 、文本区域。

使用控制组件通常需要如下的步骤:

①创建某控制组件类的对象,指定其大小等属性。

②使用某种布局策略,将该控制组件对象加入到某个容器中的指定位置。

③将该组件对象注册给它所能产生的事件对应的事件监听者,重载事件处理方法,实现利用该组件对象与用户交互的功能。

【例3_26】 改写例3_25,添加一个按钮组件。

```
import javax.swing.*;
public class Demo{
   public static void main(String[] args){
      //构建顶级容器 frame
      JFrame frame = new JFrame("我的窗体");
      //创建组件 button
      JButton button = new JButton("Click me");
      //设置窗体关闭按钮可用
      frame.setDefaultCloseOperation(JFrame.EXIT_ON_CLOSE);
      //把 button 加到 frame 的 pane 上
      frame.getContentPane().add(button);
      //设定 frame 的大小
      frame.setSize(300, 300);
      //最后把 frame 显示出来
      frame.setVisible(true);
```

```
    }
}
```

运行效果如图3-30所示。

图3-30 例3_26运行效果

(4)布局管理

组件在容器(比如JFrame)中的位置和大小是由布局管理器来决定的。所有的容器都会使用一个布局管理器,如果将一个容器的布局管理器设为null,即使用方法setLayout(null),则要设定容器中每个对象的大小和位置,而布局管理器可以自动进行组件的布局管理,自动设定容器中组件的大小和位置,当容器改变大小时,布局管理器能自动地改变其中组件的大小和位置。

java.awt包中共提供了5种布局管理器:流式布局管理器(FlowLayout)、边界布局管理器(BorderLayout)、网格布局管理器(GridLayout)、卡片布局管理器(CardLayout)和网格包布局管理器(GridBagLayout)。其中前3种是最常见的布局管理器。

1)流式布局管理器(FlowLayout)

FlowLayout是定义在AWT包中的布局管理器,是容器JPanel默认使用的布局管理器。FlowLayout的布局策略非常简单,使用这种布局管理器会将容器中的组件按照加入的先后顺序从左到右排列,一行排满后自动换到下一行。FlowLayout默认的对齐方式为居中对齐,也可以在实例对象的时候指定对齐方式。Flowlayout构造方法见表3-2。

表3-2 Flowlayout构造方法

名称	描述
FlowLayout()	构造一个新的FlowLayout,它是居中对齐的,默认的水平和垂直间隙是5个单位
FlowLayout(int align)	构造一个新的FlowLayout,它具有指定的对齐方式,默认的水平和垂直间隙是5个单位
FlowLayout(int align, int hgap, int vgap)	创建一个新的流布局管理器,它具有指定的对齐方式以及指定的水平和垂直间隙

参数align指定每行组件的对齐方式，可以取3个静态常亮LEFT、CENTER、RIGHT，默认是CENTER。hgap及vgap指组件间的纵横间距，默认是5个单位。

【例3_27】 FlowLayout的使用示例。

```
import java.awt.FlowLayout;
import javax.swing.JButton;
import javax.swing.JFrame;
public class FlowLayoutDemo{
    public static void main(String[] args) {
        JFrame frame = new JFrame("FlowLayoutDemo");
        frame.setBounds(500, 200, 300, 300);
        // 更改默认布局管理器为 FlowLayout
        frame.setLayout(new FlowLayout());
        for (int i = 0; i < 6; i++){
            frame.getContentPane().add(new JButton("按钮" + i));
        }
        frame.setDefaultCloseOperation(JFrame.EXIT_ON_CLOSE);
        frame.setVisible(true);
    }
}
```

运行效果如图3-31所示。

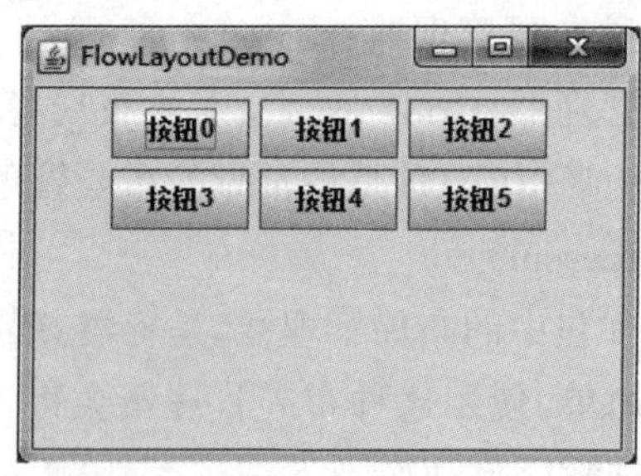

(a)

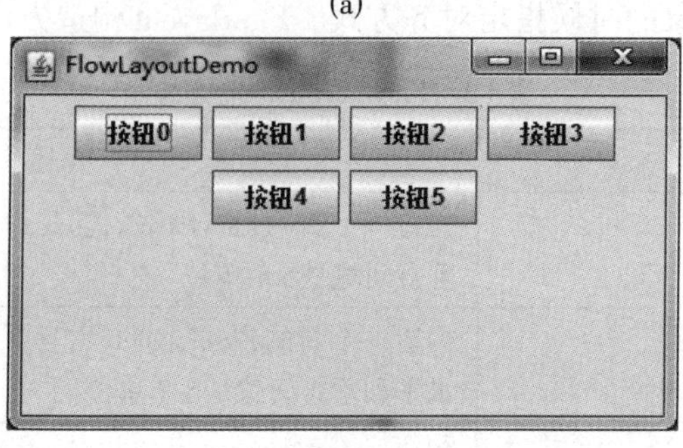

(b)

图3-31 (a)(b)是当JFrame窗口在不同宽度时的布局效果

2)边界布局管理器(BorderLayout)

BorderLayout是定义在AWT包中的布局管理器,是JFrame和JDialog默认的布局管理器。BorderLayout把容器简单划分为东、西、南、北、中5个区域,当使用该布局时,要指明组件添加在哪个区域。若未指明则默认加入到中间区域。每个区域只能加入一个组件,后加入的组件会覆盖前面一个。

分布在北部和南部区域的组件将横向扩展至占据整个容器的长度,分布在东部和西部的组件将伸展至占据容器剩余部分的全部宽度,最后剩余的部分将分配给位于中央的组件。如果某个区域没有分配组件,则其他组件可以占据它的空间。Borderlayout构造方法见表3-3。

表3-3　Borderlayout构造方法

名称	描述
BorderLayout()	构造一个新边框布局,组件之间没有间距
BorderLayout(int hgap, int vgap)	构造一个具有指定组件间距的边框布局

其中,hgap及vgap指组件间的纵横间距,默认是0个像素。

【例3_28】 BorderLayout的使用示例。

```
import java.awt.BorderLayout;
import javax.swing.JButton;
import javax.swing.JFrame;
import javax.swing.JPanel;
public class BorderLayoutDemo{
   public static void main(String[] args)  {
      JFrame frame = new JFrame("BorderLayoutDemo");
      frame.setBounds(500, 200, 300, 300);
      frame.setLayout(new BorderLayout(10, 10));
      frame.getContentPane().add(new JButton("北"), BorderLayout.NORTH);
      frame.getContentPane().add(new JButton("东"), BorderLayout.EAST);
      frame.getContentPane().add(new JButton("南"), BorderLayout.SOUTH);
      frame.getContentPane().add(new JButton("西"), BorderLayout.WEST);
      frame.getContentPane().add(new JButton("中"));
      frame.setDefaultCloseOperation(JFrame.EXIT_ON_CLOSE);
      frame.setVisible(true);
   }
}
```

运行效果如图3-32所示。

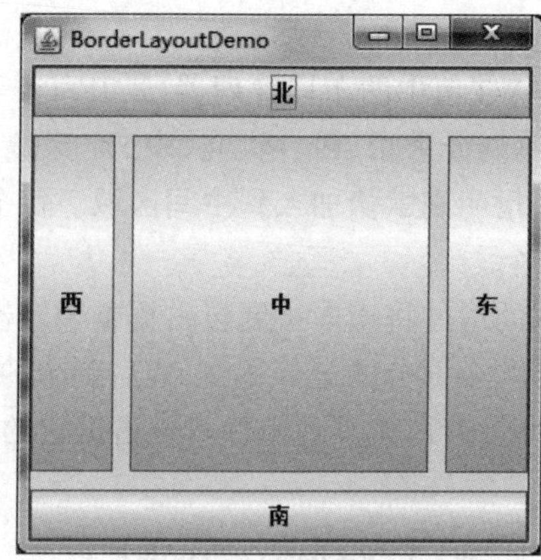

图3-32　例3_28运行效果

3)网格布局管理器

网格布局管理器(GridLayout)是定义在AWT包中的布局管理器,是使用较多的布局管理器。网络布局管理器是把容器的空间划分成若干行乘以若干列的网格区域,组件就位于这些划分出来的小格中。GridLayout比较灵活,划分多少网格由程序自由控制,而且组件定位也比较准确。GridLayout构造方法见表3-4。

表3-4　GridLayout构造方法

名称	描述
GridLayout()	创建具有默认值的网格布局,即每个组件占据一行一列
GridLayout(int rows, int cols)	创建具有指定行数和列数的网格布局
GridLayout(int rows, int cols, int hgap, int vgap)	创建具有指定行数和列数的网格布局

【例3_29】　GridLayout的使用示例。

```
import java.awt.GridLayout;
import javax.swing.JButton;
import javax.swing.JFrame;
public class GridLayoutDemo{
   public static void main(String[] args) {
       JFrame frame = new JFrame("GridLayoutDemo");
       frame.setBounds(500, 200, 300, 300);
       //更改默认布局管理器为 GridLayout
       frame.setLayout(new GridLayout(3, 3, 10, 10));
       for (int i = 0; i < 9; i++){
           frame.getContentPane().add(new JButton("按钮" + i));
       }
       frame.setDefaultCloseOperation(JFrame.EXIT_ON_CLOSE);
       frame.setVisible(true);
```

```
    }
}
```

运行效果如图3-33所示。

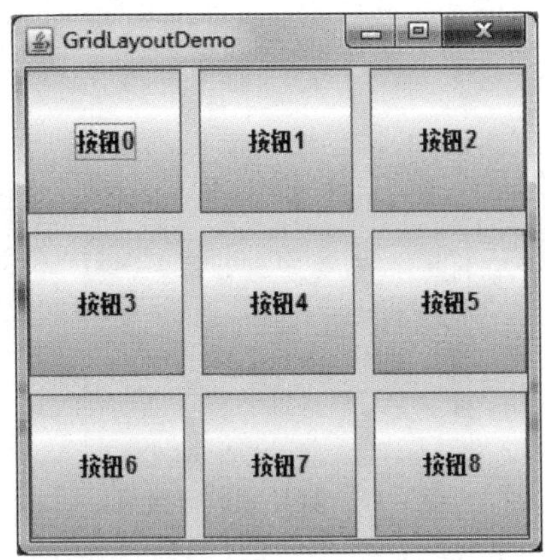

图3-33　例3_29运行效果

4)通过嵌套来设定复杂的布局

由于某一个布局管理器的布局能力有限,在设定复杂布局时,可以采用容器嵌套的方法,即把一个容器当作一个组件加入另一个容器,这个容器组件可以用自己的布局策略来组织自己的组件,使整个容器的布局达到应用的需求。

【例3_30】 嵌套布局示例。

```
import java.awt.BorderLayout;
import java.awt.GridLayout;
import javax.swing.JButton;
import javax.swing.JFrame;
import javax.swing.JLabel;
import javax.swing.JPanel;
public class Demo{
    public static void main(String[] args){
        JFrame f = new JFrame("嵌套布局");
        JLabel b0 = new JLabel("显示区域");
        JPanel p = new JPanel();
        p.setLayout(new GridLayout(2,2));
        JButton b1=new JButton("1");
        JButton b2=new JButton("2");
        JButton b3=new JButton("3");
        JButton b4=new JButton("4");
        p.add(b1);p.add(b2);p.add(b3);p.add(b4);
```

```
        f.getContentPane().add(b0,BorderLayout.NORTH);
        f.getContentPane().add(p,BorderLayout.CENTER);
        f.pack();
        f.setVisible(true);
    }
}
```

运行效果如图3-34所示。

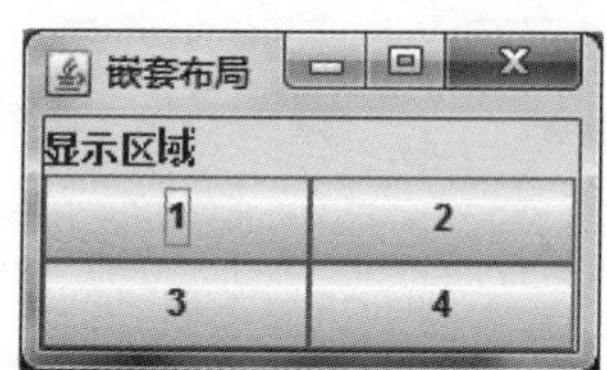

图3-34　例3_30运行效果

该程序中，JFrame使用了BorderLayout布局，而其中的JPanel对象p使用了GridLayout布局，在容器p中容纳了4个按钮。

(5)常用Swing组件

创建图形用户界面，就是为了让计算机程序更好地和用户交互，Swing是第二代GUI开发工具集，在Swing中提供了20多种不同的用户界面组件，所有的Swing组件都是从javax.swing.JComponent类中派生而来的，因此继承了组件所特有的属性和方法。下面介绍一些常用组件的使用方法，更多的组件使用方法可以查阅相关API。

1)框架(JFrame)

框架(JFrame)类是java.awt包中Frame类的子类，其子类创建的对象是窗体，对象(窗体)是重量容器。不能把组件直接添加到Swing窗体中，应该把组件添加到内容面板中，Swing窗体通过getContentPane()方法获得JFrame的内容面板；不能为Swing窗体设置布局，而应为Swing窗体的内容面板设置布局。

JFrame的构造方法和常用方法见表3-5和表3-6。

表3-5　JFrame的构造方法

名称	描述
JFrame()	构造一个初始时不可见的新窗体
JFrame(String title)	构造一个新的、初始不可见的、具有指定标题的新窗体

表3-6　JFrame的常用方法：

名称	描述
void setTitle(String title)	设置窗口的标题
void setIconImage(Image image)	设置窗口的图标
void setSize(int width, int height) void setSize(Dimension d)	设置窗口的宽高

续表

名称	描述
void setDefaultCloseOperation(int operation)	设置窗口关闭按钮点击后的默认操作 参考值: *DO_NOTHING_ON_CLOSE:不执行任何操作 *HIDE_ON_CLOSE: 隐藏窗口(不会结束进程), 再次调用setVisible(true) 将再次显示 *DISPOSE_ON_CLOSE: 销毁窗口, 如果所有可显示的窗口都被 DISPOSE, 则可能会自动结束进程 *EXIT_ON_CLOSE: 退出进程
void setResizable(boolean resizable)	设置窗口是否可放大、缩小
void setLocation(int x, int y) void setLocation(Point p)	设置窗口的位置(相对于屏幕左上角)
void setBounds(int x, int y, int width, int height) void setBounds(Rectangle rect)	设置窗口的位置和宽高
Point getLocationOnScreen()	获取窗口的位置坐标(相对于屏幕坐标空间)
Point getLocation()	获取窗口的位置坐标(相对于父级坐标空间,窗口的父级一般就是屏幕)
void setLocationRelativeTo(Component comp)	设置窗口的相对位置 * 如果comp整个显示区域在屏幕内, 则将窗口放置到comp的中心 * 如果comp显示区域有部分不在屏幕内,则将该窗口放置在最接近comp中心的一侧 * comp为null,表示将窗口放置到屏幕中心
void setAlwaysOnTop(boolean alwaysOnTop)	设置将窗口置顶显示
void setContentPane(Container contentPane)	设置窗口的内容面板
void setVisible(boolean b)	设置窗口是否可见, 窗口对象刚创建和添加相应组件后通过setVisible(true) 绘制窗口,其内部组件到此时才有宽高值
boolean isShowing()	判断窗口是否处于显示状态
void dispose()	销毁窗口,释放窗口及其所有子组件占用的资源,之后再次调用setVisible(true) 将会重构窗口
void pack()	调整窗口的大小,以适合其子组件的首选大小和布局
void setJMenuBar(JMenuBar menubar)	设置此窗体的菜单栏

【例3_31】 JFrame示例。

```
import javax.swing.*;
```

```
import java.awt.*;
import java.awt.event.ActionEvent;
import java.awt.event.ActionListener;
public class Demo {
    public static void main(String[] args) {
        final JFrame jf = new JFrame("测试窗口");
        jf.setSize(400, 400);//设置窗口大小
        jf.setLocationRelativeTo(null);//设置窗口位置居中
        jf.setDefaultCloseOperation(WindowConstants.EXIT_ON_CLOSE);//设置窗口关闭按
钮
        JPanel panel = new JPanel();
        JButton btn = new JButton("显示一个新窗口");
        btn.addActionListener(new ActionListener() {
            public void actionPerformed(ActionEvent e) {
                // 点击按钮, 显示一个新窗口
                showNewWindow(jf);
            }
        });
        panel.add(btn);
        jf.setContentPane(panel);
        jf.setVisible(true);
    }
    public static void showNewWindow(JFrame relativeWindow) {
        // 创建一个新窗口
        JFrame newJFrame = new JFrame("新的窗口");
        newJFrame.setSize(250, 250);
        // 把新窗口的位置设置到 relativeWindow 窗口的中心
        newJFrame.setLocationRelativeTo(relativeWindow);
        // 点击窗口关闭按钮, 执行销毁窗口操作(如果设置为 EXIT_ON_CLOSE, 则点击新窗口
关闭按钮后, 整个进程将结束)
        newJFrame.setDefaultCloseOperation(WindowConstants.DISPOSE_ON_CLOSE);
        // 窗口设置为不可改变大小
        newJFrame.setResizable(false);
        JPanel panel = new JPanel(new GridLayout(1, 1));
        // 在新窗口中显示一个标签
        JLabel label = new JLabel("这是一个窗口");
        label.setFont(new Font(null, Font.PLAIN, 25));
        label.setHorizontalAlignment(SwingConstants.CENTER);
```

```
        label.setVerticalAlignment(SwingConstants.CENTER);
        panel.add(label);
        newJFrame.setContentPane(panel);
        newJFrame.setVisible(true);
    }
}
```

运行效果如图3-35所示。

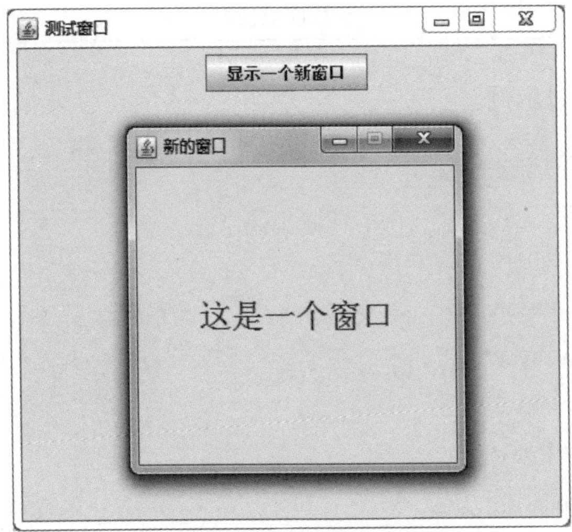

图3-35　例3_31运行效果

2)面板

面板(JPanel)组件定义面板,实际上是一种容器组件,用来容纳各种其他轻量级组件。此外,用户还可以用这种面板容器绘制图形。JPanel的构造方法和常用方法见表3-7和表3-8。

表3-7　JPanel的构造方法

名称	描述
JPanel()	创建具有双缓冲和流布局(FlowLayout)的面板
JPanel(LayoutManager layout)	创建具有制订布局管理器的面板

表3-8　JPanel的常用方法

名称	描述
void add(Component)	添加组件
void add(Component,int)	添加组件至索引指定位置
void add(Component,Object)	按照指定布局限制添加组件
void add(Component,Object,int)	按照指定布局管理器限制添加组件到指定位置

续表

名称	描述
void remove(Component)	移除组件
void remove(int)	移除指定位置的组件
void removeAll()	移除所有组件
void paintComponent(Graphics)	绘制组件
void repaint()	重新绘制
void setPreferredSize(Dimension)	设置组件尺寸
Dimension getPreferredSize()	获取最佳尺寸

【例3_32】 JPanel示例。

```
import java.awt.BorderLayout;
import java.awt.Color;
import java.awt.Container;
import java.awt.Dimension;
import java.awt.FlowLayout;
import java.awt.Graphics;
import javax.swing.JButton;
import javax.swing.JFrame;
import javax.swing.JPanel;
public class Demo extends JFrame {
  JButton[] buttons;
  JPanel panel1;
  CustomPanel panel2;
  public Demo(){
     super("面板实例");
     this.setDefaultCloseOperation(JFrame.EXIT_ON_CLOSE);
     Container container = getContentPane();
     container.setLayout(new BorderLayout());
     panel1 = new JPanel(new FlowLayout()); //创建一个流布局管理器的面板
     buttons = new JButton[4];
     for (int i = 0; i < buttons.length; i++) {
        buttons[i]=new JButton("按钮"+(i+1));
        panel1.add(buttons[i]); //添加按钮到面板 panel1 中
     }
     panel2 = new CustomPanel();
```

```
        container.add(panel1,BorderLayout.NORTH);
        container.add(panel2,BorderLayout.CENTER);
        pack();
        setVisible(true);
    }
    public static void main(String[] args) {
        new Demo();
    }
    class CustomPanel extends JPanel{ //定义内部类 CustomPanel
        protected void paintComponent(Graphics g) {
            super.paintComponent(g);
            g.drawString("Welcome to Java Shape World", 20, 20);
            g.drawRect(20, 40, 130, 130);
            g.setColor(Color.GREEN); //设置颜色为绿色
            g.fillRect(20, 40, 130, 130); //绘制矩形
            g.drawOval(160, 40, 100, 100); //绘制椭圆
            g.setColor(Color.ORANGE); //设置颜色为橙色
            g.fillOval(160, 40, 100, 100); //绘制椭圆
        }
            public Dimension getPreferredSize() {
            // TODO Auto-generated method stub
            return new Dimension(200,200);
        }
    }
}
```

运行结果如图3-36所示。

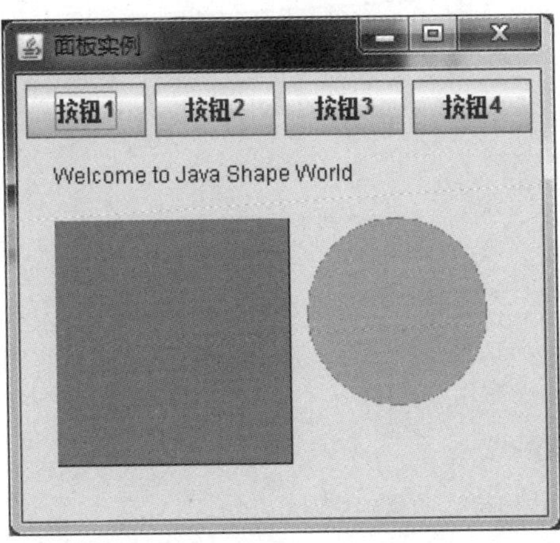

图3-36　例3_32运行效果

3)按钮

Swing中的按钮是JButton,它是javax.swing.AbstracButton类的子类,Swing中的按钮可以显示图像,并且可以将按钮设置为窗口的默认图标,而且还可以将多个图像指定给一个按钮。JButton的构造方法和常用方法见表3-9和表3-10。

表3-9 JButton的构造方法

名称	描述
JButton(Icon icon)	按钮上显示图标
JButton(String text)	按钮上显示字符
JButton(String text, Icon icon)	按钮上既显示图标又显示字符

表3-10 JButton的常用方法:

名称	描述
setText(String text)	设置按钮的标签文本
setIcon(Icon defaultIcon)	设置按钮在默认状态下显示的图片
setRolloverIcon(Icon rolloverIcon)	设置当光标移动到按钮上方时显示的图片
setPressedIcon(Icon pressedIcon)	设置当按钮被按下时显示的图片
setContentAreaFilled(boolean b)	设置按钮的背景为同名,当设为false时,表示不绘制,默认为绘制
setBorderPainted(boolean b)	设置为不绘制按钮的边框,当设为false时,表示不绘制,默认为绘制

按钮组件是GUI中最常用的一种组件。按钮组件可以捕捉到用户的单击事件,同时利用按钮事件处理机制响应用户的请求。JButton类是Swing提供的按钮组件,在单击JButton类对象创建的按钮时,会产生一个ActionEvent事件。

【例3_33】 JButton示例。

```
import javax.swing.*;
import java.awt.event.*;
public class Demo extends JFrame implements ActionListener {
    String msg = "";
    JButton yes,no,undecided;
    JPanel p;
    JTextField jt;
    public Demo() {
        super("按钮组件");
        yes = new JButton("Yes");
        no = new JButton("No");
        undecided = new JButton("Undecided");
        p=new JPanel();
```

```
        jt= new JTextField();
        p.add(yes); p.add(no); p.add(undecided);
        this.getContentPane().add(p,"Center");
        this.getContentPane().add(jt,"South");
        yes.addActionListener(this);
        no.addActionListener(this);
        undecided.addActionListener(this);
        this.pack();
        this.setVisible(true);
    }
    public void actionPerformed(ActionEvent ee) {
        String str = ee.getActionCommand();
        if (str.equals("Yes")) {
            msg = "您选择了 Yes!";
        }else if (str.equals("No")) {
            msg = "您选择了 No!";
        }else {
            msg = "您选择了 Undecided!";
        }
        jt.setText(msg);
    }
    public static void main(String [] args){
            new Demo();
    }
}
```

运行效果如图3-37所示。

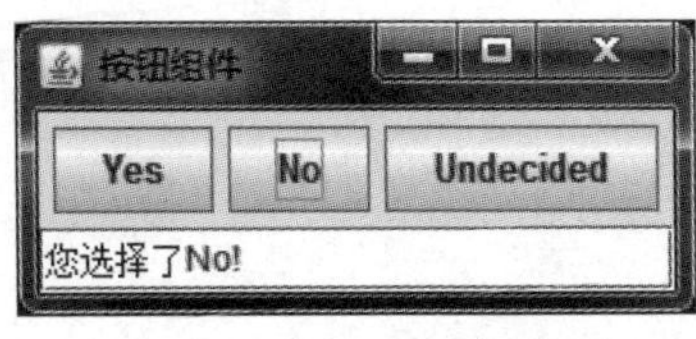

图3-37　例3_33运行效果

4)标签

标签(JLabel)对象可以显示文本、图像或同时显示二者。可以通过设置垂直和水平对齐方式,指定标签显示区中标签内容在何处对齐。默认情况下:①标签在其显示区内垂直居中对齐。②只显示文本的标签是开始边对齐;而只显示图像的标签则水平居中对齐,同时还可以指定文本相对于图像的位置。③文本位于图像的结尾边上,文本和图像都垂直对齐。

JLabel 的构造方法和常用方法见表3-11和表3-12。

表3-11　JLabel 的构造方法

名称	描述
JLabel()	创建无图像并且标题为空字符串的JLabel
JLabel(Icon image)	创建具有指定图像的JLabel实例
JLabel(Icon image，int horizontalAlignment)	创建具有指定图像和水平对齐方式的JLabel实例
JLabel(String text)	创建具有指定文本的JLabel实例
JLabel(String text，Icon icon，int horizontalAlignment)	创建具有指定文本、图像和水平对齐方式的JLabel实例
JLabel(String text，int horizontalAlignment)	创建具有指定文本和水平对齐方式的JLabel实例

表3-12　JLabel的常用方法

名称	描述
getHorizontalAlignment()	返回标签内容沿X轴的对齐方式
getHorizontalTextPosition()	返回标签的文本相对于其图像的水平位置
getText()	返回该标签所显示的文本字符串
getIcon()	返回该标签显示的图形图像(字形、图标)
setHorizontalAlignment(int alignment)	设置标签内容沿X轴的对齐方式
setHorizontalTextPosition(int textPosition)	设置标签的文本相对于其图像的水平位置
setIcon(Icon icon)	定义此组件将要显示的图标
setText(String text)	定义此组件将要显示的单行文本
setVerticalAlignment(int alignment)	设置标签内容沿Y轴的对齐方式
setVerticalTextPosition(int textPosition)	设置标签的文本相对于其图像的垂直位置

【例3_34】 JLabel的用法。

```
import javax.swing.*;
import java.awt.*;
public class Demo {
    public static void main(String[] args) {
        JFrame jf = new JFrame("测试窗口");
        jf.setDefaultCloseOperation(WindowConstants.EXIT_ON_CLOSE);
        //创建内容面板,默认使用流式布局
        JPanel panel = new JPanel();
        //只显示文本
```

```
        JLabel label01 = new JLabel();
        label01.setText("Only Text");
        //设置字体,null 表示使用默认字体
        abel01.setFont(new Font(null, Font.PLAIN, 25));
        panel.add(label01);
        //只显示图片
        JLabel label02 = new JLabel();
        label02.setIcon(new ImageIcon("demo01.jpg"));
        panel.add(label02);
        //同时显示文本和图片
        JLabel label03 = new JLabel();
        label03.setText("文本和图片");
        label03.setIcon(new ImageIcon("cat.jpg"));
        // 水平方向文本在图片中心
        label03.setHorizontalTextPosition(SwingConstants.CENTER);
        // 垂直方向文本在图片下方
        label03.setVerticalTextPosition(SwingConstants.BOTTOM);
        panel.add(label03);
        jf.setContentPane(panel);
        jf.pack();
        jf.setLocationRelativeTo(null);
        jf.setVisible(true);
    }
}
```

运行效果如图3-38所示。

图3-38　例3_34运行效果

5)文本框(JTextField和JPasswordField)

JTextField组件用于创建文本框。文本框是用来接收用户的单行文本信息输入的区域。通常文本框用于接收用户信息或其他文本信息的输入。当用户输入文本信息后，如果为JTextField对象添加了事件处理，按回车键后就会触发一定的操作。

JPasswordField是JTextField的子类，是一种特殊的文本框，也是用来接收单行文本信息输入的区域，但是会用回显字符串代替输入的文本信息。因此，JPasswordField组件也称为密码文本框。JPasswordField默认的回显字符是“*”，用户也可以自行设置回显字符。

JTextField的构造方法和常用方法见表3-13和表3-14。JPasswordField的构造方法见表3-15。

表3-13　JTextField的构造方法

名称	描述
JTextField()	创建一个空文本框
JTextField(String text)	创建一个具有初始文本信息text的文本框
JTextField(String text,int columns)	创建一个具有初始文本信息text以及制订列数的文本框

表3-14　JTextField的常用方法

名称	描述
void setText(String)	设置显示内容
String getText()	获取显示内容

表3-15　JPasswordField的构造方法

名称	描述
JPasswordField()	创建一个空的密码文本框
JPasswordField(String text)	创建一个指定初始文本信息的密码文本框
JPasswordField(String text,int columns)	创建一个指定文本和列数的密码文本框
JPasswordField(int columns)	创建一个指定列数的密码文本框

JPasswordField是JTextField的子类，因此JPasswordField也具有与JTextField类似的名称和功能的方法，此外，它还具有自己的独特方法(表3-16)。

表3-16　JPasswordField的常用方法

名称	描述
boolean echoCharIsSet()	获取设置回显字符的状态
void setEchoChar(char)	设置回显字符
void getEchoChar()	获取回显字符
char[] getPassword()	获取组件的文本

(6)Java事件处理

在图形界面程序中,如何响应用户的操作呢? 譬如,对于界面上的若干按钮,程序如何知道用户点击了哪个按钮? 在Java中,用户通过键盘、鼠标等操纵行为,最终都传递给了JVM,那么JVM在接收到这些事件以后该如何处理呢? 人们把这种处理事件的方案称为事件模型。

Java中采用的是注册监听,委托管理的事件处理模型:JDK 1.1以后,引入了一种新的事件代理模块,通过它,事件源(Event Source)发出的事件(Event)被委托给(注册了的)事件监听器(Listener),并由它负责执行相应的响应方法。

比如:患者委托给了医生,那么患者出现各种症状,医生对症状有不同的处理方法。

1)事件及事件监听器

在Java语言中,当用户与GUI组件交互时,GUI组件能够激发一个相应事件(Event)。例如,用户按动按钮、滚动文本、移动鼠标或按下按键等,都将产生一个相应的事件。Java提供完善的事件处理机制,能够监听事件,识别事件源,并完成事件处理。对这些事件作出响应的程序,称为事件处理器(Event handler)。

①事件(Event)。在java.awt.event包中,定义了相应的类来表达事件,可以理解为对一个组件的某种同类型操作动作的集合。例如,单击一个按钮、在文本框中输入一个字符串、选择一个菜单选项、选中一个单选按钮等,都可以认为是一个操作动作。而利用鼠标单击按钮、进入按钮、移出按钮、按下按钮、松开按钮等,可以认为是同一种类型的动作操作,因其都是通过鼠标完成的,这种同类型的动作操作就可以统一由鼠标事件来描述。Java按照事件产生的方式,将事件归类汇总后分为若干种类型,如鼠标事件、键盘事件、窗口事件、选择事件等。在Java中,交互动作会产生事件,实际上是在JVM环境中生成一个对应事件类的对象,所有的组件都有固定的事件类对象。图3-39展示了Java提供的所有的事件类以及它们之间的继承关系。

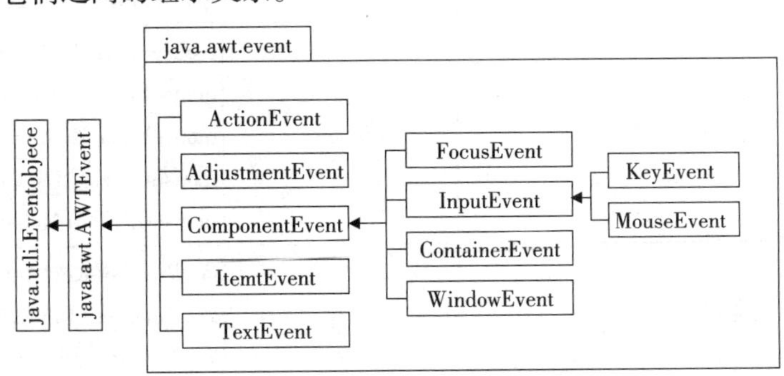

图3-39 事件类之间的继承关系

②事件源(Event Source)。可以理解为产生事件的源头,也即发生事件的组件。Java认为,如果组件产生了一个动作,就表明发生了这个动作所归属的事件。例如,单击一次btn按钮,则btn按钮就是一个事件源,对应的事件为鼠标事件;在tf文本框中输入一个字符串,则tf文本框也是一个事件源,对应的事件为键盘事件。

③事件监听器(Event Listener)。事件处理器(Event handler)是对事件进行处理的程序,在Java编程中是通过实现事件监听器来实现对事件的处理。事件监听器是一些事件的接口,这些接口是java.awt.AWTEventListener的子类。

事件处理机制中的核心部分的主要功能如下：

- 监听组件，观察组件有没有发生某类事件。
- 如果监听的组件发生了某类事件，则调用对应的动作处理方法立刻处理该事件。

通过监听器的功能可以看出，在Java事件处理机制中，监听器处于主体地位，与事件分类对应，监听器也相应地分成若干种类型，如鼠标事件对应鼠标监听器；键盘事件对应键盘监听器；窗口事件对应窗口监听器等。需要说明的是，如果希望监听并处理一个组件的某类事件，则必须先给该组件添加对应的事件监听器。如果不给组件添加事件监听器，则该组件发生任何事件都不会被监听器监听到，从而也不会产生任何响应。监听器属于接口类型，实现某一种监听器就必须实现该监听器的所有方法。

如：MouseMotionListener是对鼠标移动事件的处理的接口，它包含两个重要的方法

void mouseDragged(MouseEvent e);　//处理鼠标拖拽的方法

void mouseMoved(MouseEvent e);　//处理鼠标移动的方法

这些方法中，都带有一个事件对象作为参数，不同的事件对象，由不同的监听器接口处理，Java提供了完整的事件类及对该事件监听的监听接口，表3-17列出了所有AWT各个事件及其相应的监听器接口，共10类事件，11个接口。

表3-17　AWT各个事件及其相应的监听器接口

事件类别	描述信息	接口名	方法名
ActionEvent	激活组件	ActionListener	actionPerformed(ActionEvent)
ItemEvent	选择了某些项目	ItemListener	itemStateChanged(ItemEvent)
MouseEvent	鼠标移动	MouseMotionListener	mouseDragged(MouseEvent) mouseMoved(MouseEvent)
	鼠标点击	MouseListener	mousePressed(MouseEvent) mouseReleased(MouseEvent) mouseEntered(MouseEvent) mouseExited(MouseEvent) mouseClicked(MouseEvent)
KeyEvent	键盘输入	KeyListener	keyPressed(KeyEvent) keyReleased(KeyEvent) keyTyped(KeyEvent)
FocusEvent	组件收到或失去焦点	FocusListener	focusGained(FocusEvent) focusLost(FocusEvent)
AdjustmentEvent	移动了滚动条等组件	AdjustmentListener	adjustmentValueChanged (AdjustmentEvent)
ComponentEvent	对象引动缩放显示隐藏	ComponentListener	componentMoved(ComponentEvent) componentHidden(ComponentEvent) componentResized(ComponentEvent) componentShown(ComponentEvent)

续表

事件类别	描述信息	接口名	方法名
WindowEvent	窗口收到窗口级事件	WindowListener	windowClosing(WindowEvent) windowOpened(WindowEvent) windowIconified(WindowEvent) windowDeiconified(WindowEvent) windowClosed(WindowEvent) windowActivated(WindowEvent) windowDeactivated(WindowEvent)
TextEvent	文本字段或文本区发生改变	TextListener	textValueChanged(TextEvent)
ContainerEvent	容器中增加、删除了组件	ContainerListener	componentAdded(ContainerEvent) componentRemoved(ContainerEvent)

④事件适配器(Adapter)。事件适配器的概念可以认为是一个简化版的监听器。监听器是对一类事件可能产生的所有动作进行监听。例如,鼠标监听器监听的是鼠标按键能够产生的所有动作,包括鼠标单击、鼠标按下、鼠标松开等。因为监听器属于接口,如果纯粹使用监听器来完成动作处理的操作,则程序必须实现这个监听器所有的动作处理方法。在进行具体的程序设计时,只需要监听某类事件中的一个动作即可。例如,有时候仅对鼠标单击按钮这个动作感兴趣,而对鼠标进入按钮、鼠标移动按钮等动作不需要进行编程响应动作。这个时候,就可以使用事件适配器,因为适配器可以由程序设计人员自主选择监听和响应的动作,从而简化了监听器的监听工作,当然,相应地能够监听的动作会变少,具体需要监听并响应何种动作,由程序设计人员根据实际需要在代码中自行指定。

⑤事件处理器。事件处理器(事件处理方法)是一个接收事件对象并进行相应处理的方法。事件处理器包含在一个类中,这个类的对象负责检查事件是否发生,若发生就激活事件处理器进行处理。

⑥注册事件监听器。为了能够让事件监听器检查某个组件(事件源)是否发生了某些事件,并且在发生时激活事件处理器进行相应的处理,必须在事件源上注册事件监听器。这是通过使用事件源组件的以下方法来完成的:

addXxxListener(事件监听器对象) ——Xxx对应相应的事件类

2)GUI事件监听器的注册

注册事件监听器只需要使用组件对象的addXxxListener(事件监听器对象)方法,这里的事件监听器对象是实现了监听器接口的类的对象,当该监听器对象监听的事件发生时,就会触发监听器中相应的处理程序。

步骤如下:

第一步:程序中引入java.awt.event包。

```
import java.awt.event.
```

第二步:给所需的事件源对象注册监听事件程序。

事件源对象.addXXXListener(XXXListener);

第三步:实现相应的方法。如果监听程序接口包含多个方法,必须实现所有方法。

下面介绍注册事件监听器的3种方法:

①通过接口实现(自身既是JFrame子类,又是一个JFrame,又是事件监听器)。

【例3_35】 实现接口示例。

```
import java.awt.event.ActionEvent;
import java.awt.event.ActionListener;
import javax.swing.JButton;
import javax.swing.JFrame;
public class Demo extends JFrame implements ActionListener {
    private JButton jb;
    public Demo() {
            this.setTitle("自身做监听器");
        jb = new JButton("点击我");
        jb.addActionListener(this); //注册事件监听器
        this.add(jb); //用 this 指向自己,自己是一个 JFrame,直接添加组件
        this.pack();
        this.setDefaultCloseOperation(3);
        this.setVisible(true);
    }
    public void actionPerformed(ActionEvent e) {
    //实现 ACtionListener 下方法,实现事件监听的处理方法
        System.out.println("按钮被按下");
    }
    public static void main(String[] args) {
        new Demo();
    }
}
```

运行效果如图3-40所示。

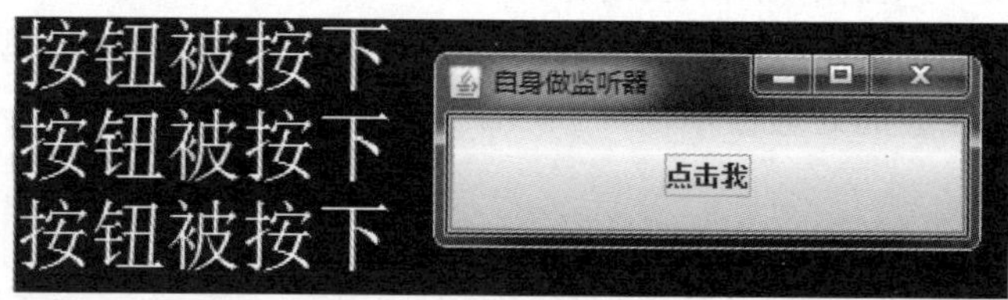

图3-40 例3_35运行效果

②事件适配器。事件适配器和匿名内部类的方式基本相同,只不过适配器是Java中

为了简化编程而提供的类，该类默认实现了相应事件接口中的方法。比如WindowListener接口对应的事件适配器是WindowAdapter，而KeyListener对应的适配器接口是KeyAdapter，这样通过适配器就省去了通过接口实现必须实现所有抽象方法的烦恼，因为适配器中已经实现了所有的抽象方法，所以只需重写想要实现的方法就可以。

【例3_36】 适配器示例。

```
import java.awt.*;
import java.awt.event.*;
import javax.swing.JButton;
import javax.swing.JFrame;
public class Demo extends JFrame {
    private JButton jb;
    class MyMouseListener extends MouseAdapter{
        //不需要实现 MouseListener 接口中的所有方法，只重写自己需要的方法即可
        public void mouseEntered(MouseEvent e){
            System.out.println("鼠标进入");
        }
        public void mouseExited(MouseEvent e){
            System.out.println("鼠标移出");
    }
}
public Demo() {
            this.setTitle("事件适配器做监听器");
            jb = new JButton("鼠标移进移出我");
            jb.addMouseListener(new MyMouseListener());
            this.add(jb);
            this.pack();
            this.setDefaultCloseOperation(3);
            this.setVisible(true);
        }
        public static void main(String[] args) {
            new Demo();
        }
}
```

运行效果如图3-41所示。

图3-41　例3_36运行效果

③匿名内部类。在Java事件处理程序中，因为与事件相关的事件监听器的类经常局限于一个类的内部，所以经常使用内部类。而且定义的内部类在事件处理中的使用就实例化一次，因此经常使用匿名类。

【例3_37】 匿名类示例。

```
import java.awt.event.MouseEvent;
import java.awt.event.MouseListener;
import javax.swing.JButton;
import javax.swing.JFrame;
public class Demo extends JFrame {
   private JButton jb;
   public Demo() {
        this.setTitle("匿名类做监听器");
        jb = new JButton("点击我");
        jb.addMouseListener(new MouseListener() {
            //事件源不同的操作对应不同的事件处理方法
            public void mouseClicked(MouseEvent e) {
                System.out.println("按钮被按下");
            }
            public void mouseEntered(MouseEvent e) {
            }
            public void mouseExited(MouseEvent e) {
            }
            public void mousePressed(MouseEvent e) {
            }
            public void mouseReleased(MouseEvent e) {
            }
        });
        this.add(jb);
        this.pack();
        this.setDefaultCloseOperation(3);
        this.setVisible(true);
  }
```

```
    public static void main(String[] args) {
        new Demo();
    }
}
```

运行效果如图3-42所示。

图3-42　例3_37运行效果

3)一个对象注册多个监听器

一般情况下，事件源可以产生多种不同类型的事件，因而可以注册多种不同类型的监听器。不同对象所能注册的事件监听器见表3-18。

表3-18　不同组件所能注册的事件监听器

组件	Act	Adj	Cmp	Cnt	Foc	Itm	Key	Mou	MM	Txt	Win、
JButton	√		√		√		√	√	√		
JCanvas			√		√		√	√	√		
JCheckbox			√		√	√	√	√	√		
JChoice			√		√	√	√	√	√		
JDialog			√	√	√		√	√	√		√
JFrame			√	√	√		√	√	√		√
JLabel			√		√		√	√	√		
JList	√		√		√	√	√	√	√		
JMenuItem	√										
JPanel			√	√	√		√	√	√		
JScrollbar		√	√		√		√	√	√		
JScrollPane			√	√	√		√	√	√		
JTextArea			√		√		√	√	√	√	
JTextField	√		√		√		√	√	√	√	
Window			√	√	√		√	√	√		√

其中：

Act:Action行动事件；

Adj:Adjustment调整；

Cmp:Comoponent组件事件；

Cnt:Container容器事件;
Foc:Focus焦点事件;
Item:Item条目事件;
Key:Key键盘事件;
Mou:Mouse鼠标事件;
MM:Mouse Motion鼠标移动事件;
Txt:Text文本事件;
Win:Window窗口事件。

【例3_38】 一个组件使用多个事件监听器。

```
import java.awt.event.*;
import javax.swing.*;
public class Demo extends JFrame{
    private JButton jb = new JButton("按钮 1");
    MyActionListener m1=new MyActionListener();
    MyMouseListener m2 = new MyMouseListener();
    public Demo(){
        super("一个组件注册多个监听器");
        jb.addActionListener(m1);
        jb.addMouseListener(m2);
        this.getContentPane().add(jb);
        this.pack();
        this.setVisible(true);
    }
    public static void main(String [] args){
        new Demo();
    }
    class MyActionListener implements ActionListener{
        public void actionPerformed(ActionEvent e){
            System.out.println("在 Action 监听器中被按下");
        }
    }
class MyMouseListener extends MouseAdapter{
        public void mouseClicked(MouseEvent e) {
            System.out.println("在 Mouse 监听器中被按下");
        }
    }
}
```

运行效果如图3-43所示。

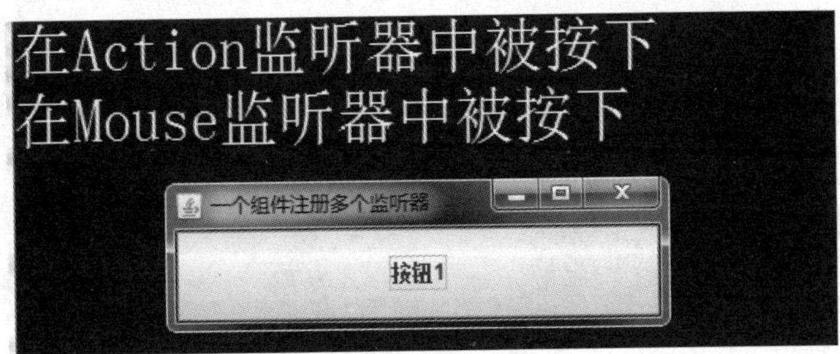

图3-43　例3_38运行效果

4)多个组件注册到一个监听器

一个事件源组件上可以注册多个监听器,一个监听器也能被注册到多个不同的事件源上。

【例3_39】 多个组件注册同一个监听器示例。

```
import java.awt.event.*;
import javax.swing.*;
public class Demo extends JFrame{
  private JButton jb1 = new JButton("按钮 1");
  private JButton jb2 = new JButton("按钮 2");
  MyActionListener m1=new MyActionListener();
  public Demo(){
     super("多个组件注册到一个监听器");
     jb1.addActionListener(m1);
     jb2.addActionListener(m1);
     this.getContentPane().add(jb1,"North");
     this.getContentPane().add(jb2,"South");
     this.pack();
     this.setVisible(true);
  }
  public static void main(String [] args){
     new Demo();
  }
  class MyActionListener implements ActionListener{
     public void actionPerformed(ActionEvent e){
        System.out.println("在 Action 监听器中 "+e.getActionCommand()+" 被按下" );
     }
  }
}
```

运行效果如图3-44所示。

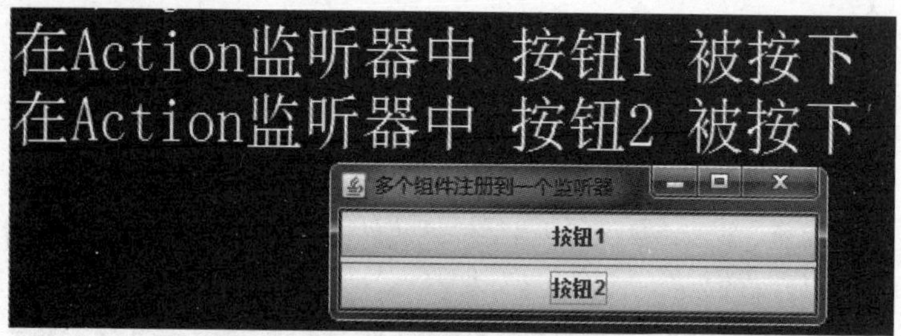

图3-44　例3_39运行效果

代码示例

Login.java

```
import java.awt.*;
import java.awt.event.*;
import javax.swing.*;
public class Login extends JFrame{
    private JTextField username;
    private JPasswordField password;
    private JButton okButton;
    private JButton cancelButton;
    public Login () {
        username = new JTextField();
        password = new JPasswordField();
        JPanel panel = new JPanel();
        panel.setLayout(new GridLayout(2, 2));
        panel.add(new JLabel("Username:"));
        panel.add(username);
        panel.add(new JLabel("Password:"));
        panel.add(password );
        okButton = new JButton("Ok");
        okButton.addActionListener(new ActionListener() {
            @Override
            public void actionPerformed(ActionEvent e) {
                // TODO Auto-generated method stub
                System.out.println("用户名:"+username.getText()+" 密码:"+password.getText
                ());
            }
        });
        cancelButton = new JButton("Cancel");
```

```
        JPanel buttonPanel = new JPanel();
        buttonPanel.add(okButton);
        buttonPanel.add(cancelButton);
        this.getContentPane().add(panel,BorderLayout.CENTER);
        this.getContentPane().add(buttonPanel,BorderLayout.SOUTH);
        this.pack();
        this.setVisible(true);
    }
    public static void main(String [] args){
        new Login ();
    }
}
```

典型工作环节3　实现功能

任务1　关键算法与技术实现

对于小数点问题，一个数据不能有多个小数点，因此，当小数点按钮被按下，要先判断数据是否已经有小数点，如果没有，此小数点才有效。

```
if(s.equals(".")) {
    String t = this.jlResult.getText();
    if(t.indexOf('.')==-1) {//判断这里面没有 .
        this.jlResult.setText(t+".");
    }
}
```

对于计算器除数为零的问题，判断如果除数为零，提示用户操作有误，停止计算。

```
if(Double.parseDouble(oper2)==0) {
    this.jlResult.setText("操作有误");
    return;
else{
    r = Double.parseDouble(oper1)/Double.parseDouble(oper2);
}
```

任务2　项目代码示例

Calc.java

```
import java.awt.GridLayout;
import java.awt.event.ActionEvent;
import java.awt.event.ActionListener;
import javax.swing.JButton;
import javax.swing.JFrame;
import javax.swing.JLabel;
import javax.swing.JPanel;
public class Cal extends JFrame implements ActionListener{
    private JButton [] jbNum;
    private JLabel jlResult;
    private JPanel jp;
    private JButton jbAdd;//加运算符
    private JButton jbSub;//减运算符
    private JButton jbMul;//乘运算符
    private JButton jbDiv;//除运算符
    //清除按钮
    private JButton jbClear;
    //小数点
    private JButton jbDot;
    private JButton jbE;//等号
    private String oper1;//记录第一个操作数
    private String operatoer;//记录用户点的运算符
    private void init(){
        //对窗体初始化
        this.setTitle("简易计算器");
        this.setDefaultCloseOperation(JFrame.EXIT_ON_CLOSE);
        //对显示区初始化
        this.jlResult = new JLabel();
        this.jlResult.setText("0");
        this.jlResult.setHorizontalAlignment(JLabel.RIGHT);
        //对面板初始化
        this.jp = new JPanel();
        //this.jp.setLayout(new GridLayout(3,4));
        this.jp.setLayout(new GridLayout(4,4));
```

```
    //对按钮初始化
    this.jbNum = new JButton[10];
    //创建这 10 个按钮
    for(int i=0;i<this.jbNum.length;i++){
        this.jbNum[i]=new JButton(""+i);
        this.jbNum[i].addActionListener(this);
        this.jp.add(this.jbNum[i]);
    }
    this.jbAdd = new JButton("+");
    this.jbSub = new JButton("-");
    this.jbMul = new JButton("*");
    this.jbDiv = new JButton("/");
    this.jbE = new JButton("=");
    this.jbClear=new JButton("C");
    this.jbDot = new JButton(".");
    this.jbAdd.addActionListener(this);
    this.jbSub.addActionListener(this);
    this.jbMul.addActionListener(this);
    this.jbDiv.addActionListener(this);
    this.jbE.addActionListener(this);
    this.jbClear.addActionListener(this);
    this.jbDot.addActionListener(this);
    this.jp.add(this.jbNum[0]);
    this.jp.add(this.jbDot);
    this.jp.add(this.jbAdd);
    this.jp.add(this.jbSub);
    this.jp.add(this.jbMul);
    this.jp.add(this.jbDiv);
    this.jp.add(this.jbClear);
    //把 label 放窗体
    this.getContentPane().add(this.jlResult,"North");
    //把 panel 放窗体
    this.getContentPane().add(this.jp,"Center");
    this.getContentPane().add(this.jbE,"South");
}
public Cal (){
    this.init();
    //this.pack();//窗体自动调整大小
```

```
        this.setSize(250,150);//自定义了窗体大小
        this.setResizable(false);//不能鼠标拖动调整大小
        this.setLocationRelativeTo(null);//窗体居中
        this.setVisible(true);//显示窗体
    }
    @Override
    public void actionPerformed(ActionEvent e){
        // TODO Auto-generated method stub
        String s = e.getActionCommand();
        if(s.equals("C")){
            this.jlResult.setText("0");
        }
        String old = this.jlResult.getText();
        if(s.charAt(0)>='0' && s.charAt(0)<='9'){
            if("0".equals(old)){
                old = "";
            }
            this.jlResult.setText(old+s);
        }
        if(s.equals("+")){
            this.oper1 = this.jlResult.getText();
            this.operatoer="+";
            this.jlResult.setText("0");
        }
        if(s.equals("-")){
            this.oper1 = this.jlResult.getText();
            this.operatoer="-";
            this.jlResult.setText("0");
        }
        if(s.equals("*")){
            this.oper1 = this.jlResult.getText();
            this.operatoer="*";
            this.jlResult.setText("0");
        }
        if(s.equals("/")){
            this.oper1 = this.jlResult.getText();
            this.operatoer="/";
            this.jlResult.setText("0");
```

```
        }
        if(s.equals("=")){
            double r = 0;
            String oper2 = this.jlResult.getText();
            if(this.operatoer.equals("+")){
                r = Double.parseDouble(oper1)+Double.parseDouble(oper2);
            }
            if(this.operatoer.equals("-")){
                r = Double.parseDouble(oper1)-Double.parseDouble(oper2);
            }
            if(this.operatoer.equals("*")){
                r = Double.parseDouble(oper1)*Double.parseDouble(oper2);
            }
            if(this.operatoer.equals("/")){
                if(Double.parseDouble(oper2)==0){
                    this.jlResult.setText("操作有误");
                    return;
                }else{
                    r = Double.parseDouble(oper1)/Double.parseDouble(oper2);
                }
            }
            this.jlResult.setText(r+"");
        }
        if(s.equals(".")){
            String t = this.jlResult.getText();
            if(t.indexOf('.')==-1) {//判断这里面没有 .
                this.jlResult.setText(t+".");
            }
        }
    }
    public static void main(String[] args){
        // TODO Auto-generated method stub
        new Cal ();
    }
}
```

典型工作环节4　测试项目

使用Eclipse软件，打开“简易计算器”项目文件，执行该程序，项目代码运行正常，测试加减乘除运算，运算结果正确。测试除0操作，按程序设计正确显示“操作有误”，如图3-45所示。

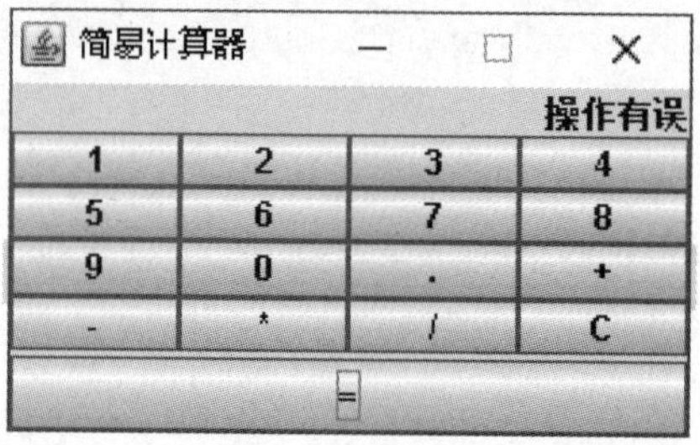

图3-45　测试“简易计算器”项目结果

【知识拓展】

拓展1　卡片布局管理器

卡片布局管理器(CardLayout)能够帮助用户处理两个乃至更多的成员共享同一显示空间，它把容器分成许多层，每层的显示空间占据整个容器的大小，但是每层只允许放置一个组件，当然每层都可以利用Panel来实现复杂的用户界面。CardLayout管理的组件就像一副叠得整整齐齐的扑克牌一样，有54张牌，但是在同一时刻只能看见最上面的一张牌，每一张牌就相当于布局管理器中的每一层。

CardLayout的构造方法和常用方法见表3-19和表3-20。

表3-19　CardLayout的构造方法

名称	描述
CardLayout()	创建一个间距大小为0的新卡片布局
CardLayout(int hgap, int vgap)	创建一个具有指定水平间距和垂直间距的新卡片布局。水平间距置于左右边缘，垂直间距置于上下边缘

表3-20　CardLayout的常用方法

名称	描述
public void first(Container parent)	翻转到容器的第一张卡片
public void last(Contain parent)	翻转到容器的最后一张卡片
public void next(Contain parent)	翻转到指定容器的下一张卡片

续表

名称	描述
public void previous(Contain parent)	翻转到指定容器的前一张卡片
public void show (Contain parent, String name)	翻转到使用 addLayoutComponent 添加到此布局的具有指定 name 的组件

CardLayout 的使用示例。

```
import java.awt.BorderLayout;
import java.awt.CardLayout;
import java.awt.Color;
import java.awt.event.ActionEvent;
import java.awt.event.ActionListener;
import javax.swing.JButton;
import javax.swing.JFrame;
import javax.swing.JLabel;
import javax.swing.JPanel;
public class CardLayoutDemo  extends JFrame {
    private JPanel pane = null;
    private JPanel p = null;
    private CardLayout card = null;
    private JButton button_1=null;
    private JButton button_2=null;
    private JPanel p_1=null,p_2=null,p_3=null;
    public CardLayoutDemo (){
        this.setTitle("CardLayoutDemo");
        card = new CardLayout(5,5);
        pane = new JPanel(card);//指定面板的布局为 CardLayout
        p = new JPanel();
        button_1 = new JButton("< 前一张");
        button_2 = new JButton("后一张  >");
        p.add(button_1);
        p.add(button_2);
        p_1 = new JPanel();
        p_2 = new JPanel();
        p_3 = new JPanel();
        p_1.setBackground(Color.RED);
        p_2.setBackground(Color.BLUE);
```

```
        p_3.setBackground(Color.GREEN);
        p_1.add(new JLabel("第一张"));
        p_2.add(new JLabel("第二张"));
        p_3.add(new JLabel("第三张"));
        pane.add(p_1,"p1");
        pane.add(p_2,"p2");
        pane.add(p_3,"p3");
        button_1.addActionListener(new ActionListener() {
            public void actionPerformed(ActionEvent arg0){
                card.previous(pane);
            }
        });
        button_2.addActionListener(new ActionListener() {
            public void actionPerformed(ActionEvent e){
                card.next(pane);
            }
        });
        this.setDefaultCloseOperation(JFrame.EXIT_ON_CLOSE);
        this.getContentPane().add(pane);
        this.getContentPane().add(p,BorderLayout.SOUTH);
        this.setSize(300, 200);
        this.setVisible(true);
    }
    public static void main(String[] args){
        new Demo();
    }
}
```

运行效果如图3-46所示。

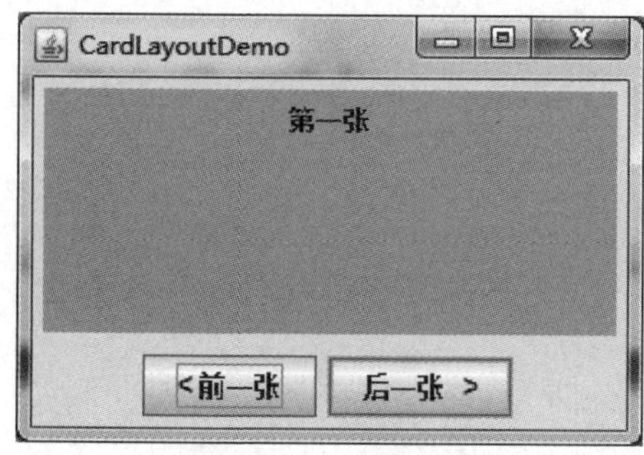

图3-46　CardLayout运行效果

拓展2　单选按钮

单选按钮(JRadioButton)组件实现的是一个单选按钮。JRadioButton类可以单独使用,也可以与ButtonGroup类联合使用。当单独使用时,该单选按钮可以被选定和取消选定;当与ButtonGroup类联合使用时,需要使用add()方法将JRadioButton添加到ButtonGroup中,并组成一个单选按钮组。此时用户只能选定按钮组中的一个单选按钮。

JRadioButton构造方法和常用方法见表3-21和表3-22。

表3-21　JRadioButton的构造方法

名称	描述
JRadioButton()	默认无显示文本,未选中状态
JRadioButton(String text)	显示text文本信息,未选中状态
JRadioButton(String text, boolean selected)	显示text文本信息,并指定是否选中

表3-22　JRadioButton的常用方法

名称	描述
setText(String text)	设置单选按钮的标签文本
setSelected(boolean b)	设置单选按钮的状态,默认情况下未被选中,当设为true时,表示单选按钮被选中
add(AbstractButton b)	添加按钮到按钮组中
remove(AbstractButton b)	从按钮组中移除按钮
getButtonCount()	返回按钮组中包含按钮的个数,返回值为int型
getElements()	返回一个Enumeration类型的对象,通过该对象可以遍历按钮组中包含的所有按钮对象
isSelected()	返回单选按钮的状态,当设为true时,表示为选中
setSelected(boolean b)	设定单选按钮的状态

JRadioButton使用示例,选择用户所喜欢的网站。

注意:同一组单选按钮,必须先创建一个ButtonGroup,然后把单选按钮放到Button Group中,这样才能实现单选的效果。

```
import java.awt.Container;
import java.awt.GridLayout;
import java.awt.event.WindowAdapter;
import java.awt.event.WindowEvent;
import javax.swing.BorderFactory;
import javax.swing.ButtonGroup;
import javax.swing.JFrame;
```

```
import javax.swing.JPanel;
import javax.swing.JRadioButton;
public class Demo extends JFrame{
    private ButtonGroup group = new ButtonGroup();
    private JRadioButton jb1 = new JRadioButton("主站");// 定义一个单选按钮
    private JRadioButton jb2 = new JRadioButton("博客");// 定义一个单选按钮
    private JRadioButton jb3 = new JRadioButton("论坛");// 定义一个单选按钮
    private JPanel panel = new JPanel();// /定义一个面板
    public Demo(){
        super("单选按钮示例");
        panel.setBorder(BorderFactory.createTitledBorder("请选择最喜欢的网站"));
        // 定义一个面板的边框显示条
        panel.setLayout(new GridLayout(1, 3));// 定义排版，一行三列
        panel.add(this.jb1);// 加入组件
        panel.add(this.jb2);// 加入组件
        panel.add(this.jb3);// 加入组件
        group.add(this.jb1);
        group.add(this.jb2);
        group.add(this.jb3);
        jb1.setSelected(true);
        this.getContentPane().add(panel);// 加入面板
        this.pack();// 设置窗体大小
        this.setVisible(true);// 显示窗体
    }
    public static void main(String[] args){
        new Demo();
    }
}
```

运行效果如图3-47所示。

图3-47　JRadioButton示例运行效果

拓展3　复选框

使用复选框(JCheckBox)可以完成多项选择。Swing中的复选框与AWT中的复选框

相比，优点是Swing复选框中可以添加图片。复选框可以为每一次的单击操作添加一个事件。

JCheckBox的构造方法和常用方法见表3-23和表3-24。

表3-23 JCheckBox的构造方法

名称	描述
JCheckBox(Icon icon)	创建一个有图标，但未被选中的复选框
JCheckBox(Icon icon，boolean selected)	创建一个有图标复选框，并且设置为是否被选中
JCheckBox(String text)	创建一个有文本，但未被选中的复选框
JCheckBox(String text，boolean selected)	创建一个有文本复选框，并且设置为是否被选中
JCheckBox(String text，Icon icon)	创建一个指定文本和图标，但未被选中的复选框
JCheckBox(String text，Icon icon，boolean selected)	创建一个指定文本和图标，并且设置为是否被选中的复选框

表3-24 JCheckBox的常用方法

名称	描述
public boolean isSelected()	返回复选框状态，true时为选中
public void setSelected(boolean b)	设定复选框状态

JCheckBox的使用示例。

```
import javax.swing.*;
public class Demo extends JFrame{
   JCheckBox c1= new JCheckBox("北京");
   JCheckBox c2 = new JCheckBox("南京");
   JCheckBox c3 = new JCheckBox("深圳");
   public Demo(){
       super("请选择喜欢的城市");
       this.setDefaultCloseOperation(JFrame.EXIT_ON_CLOSE);
       //默认选中
       c1.setSelected(true);
       JPanel p = new JPanel();
       p.add(c1);
       p.add(c2);
       p.add(c3);
       this.getContentPane().add(p);
       this.pack();
       this.setVisible(true);
   }
```

```
        public static void main(String[] args) {
            new Demo();
        }
}
```

运行效果如图3-48所示。

图3-48　JCheckBox示例效果

拓展4　组合框

组合框(JComboBox)组件用来创建组合框对象。通常,根据组合框是否可编辑的状态,将组合框分成两种常见的外观。可编辑状态外观视为文本框和下拉列表的组合,不可编辑状态的外观视为按钮和下拉列表的组合。在按钮或文本框的右边有一个带三角符号的下拉按钮,用户可以单击该下拉按钮,便可出现一个内容列表,这也是组合框的得名。组合框通常用于从列表的"多个项目中选择一个"的操作。

JComboBox的构造方法和常用方法见表3-25和表3-26。

表3-25　JComboBox的构造方法

名称	描述
JComboBox()	创建一个默认模型的组合框
JComboBox(ComboBoxModel aModel)	创建一个指定模型的组合框
JComboBox(Object[ ] items)	创建一个具有数组定义列表内容的组合框

表3-26　JComboBox的常用方法

名称	描述
addActionListener(ActionListener l)	添加ActionListener
addItem(Object anObject)	为项列表添加项
addItemListener(ItemListener aListener)	添加ItemListener
configureEditor (ComboBoxEditor anEditor, Object anItem)	利用指定项初始化编辑器
getEditor()	返回用于绘制和编辑JComboBox字段中所选项的编辑器
getItemAt(int index)	返回指定索引处的列表项
getItemCount()	返回列表中的项数
getModel()	返回JComboBox当前使用的数据模型

续表

名称	描述
getRenderer()	返回用于显示JComboBox字段中所选项的渲染器
getSelectedIndex()	返回列表中与给定项匹配的第一个选项
getSelectedItem()	返回当前所选项
insertItemAt(Object anObject, int index)	在项列表中的给定索引处插入项
isEditable()	如果JComboBox可编辑,则返回true
removeAllItems()	从项列表中移除所有项
removeItem(Object anObject)	从项列表中移除项
removeItemAt(int anIndex)	移除anIndex处的项
setModel(ComboBoxModel aModel)	设置JComboBox用于获取项列表的数据模型
setRenderer(ListCellRenderer aRenderer)	设置渲染器,该渲染器用于绘制列表项和从JComboBox字段的列表中选择的项
setSelectedIndex(int anIndex)	选择索引anIndex处的项
setSelectedItem(Object anObject)	将组合框显示区域中所选项设置为参数中的对象

JComboBox的使用示例。

```
import java.awt.BorderLayout;
import java.awt.event.*;
import java.awt.*;
import javax.swing.*;
public class Demo extends JFrame {
    private JComboBox<String> faceCombo;
    private JLabel label;
    static final int DEFAULT_SIZE=24;
    public static void main(String[] args) {
        new Demo();
    }
    public Demo() {
        label = new JLabel("显示用户的选择项");
        faceCombo = new JComboBox<String>();
        faceCombo.addItem("管理员");
        faceCombo.addItem("普通用户");
        faceCombo.addItem("高级用户");
        faceCombo.addActionListener(new ActionListener() {
            @Override
```

```
            public void actionPerformed(ActionEvent e) {
                label.setText(faceCombo.getItemAt(faceCombo.getSelectedIndex()));
            }
        });
        JPanel comboJPanel = new JPanel();
        comboJPanel.add(faceCombo);
        this.getContentPane().add(label,BorderLayout.CENTER);
        this.getContentPane().add(comboJPanel,BorderLayout.SOUTH);
        this.pack();
        this.setVisible(true);
    }
}
```

运行效果如图3-49所示。

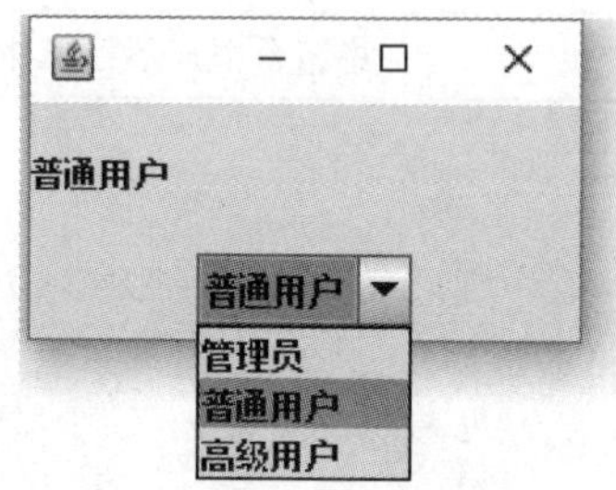

图3-49　JComboBox示例效果

拓展5　列表

列表(JList)组件用于定义列表，允许用户选择一个或多个项目。与JTextArea类似，JList本身不支持滚动功能，如果要显示超出显示范围的项目，可以将JList对象放置到滚动窗格JScrollPane对象中，便可以为列表对象实现滚动操作。

JList的构造方法和常用方法见表3-27和表3-28。

表3-27　JList的构造方法

名称	描述
JList()	创建一个空模型的列表
JList(ListModel dataModel)	创建一个指定模型的列表
JList(Object[] listdatas)	创建一个具有数组指定项目内容的列表

表3-28　JList的常用方法

名称	描述
int getFirstVisibleIndex()	获取第一个可见单元的索引

续表

名称	描述
void setFirstVisibleIndex(int)	设置第一个可见单元的索引
int getLastVisibleIndex()	获取最后一个可见单元的索引
void setLastVisibleIndex(int)	设置最后一个可见单元的索引
int getSelectedIndex()	获取第一个已选的索引
void setSelectedIndex(int)	设置第一个已选的索引
Object getSelectedValue()	获取第一个已选的对象
void setSelectedValue(Object)	设置第一个已选的对象
Object[] getSelectedValues()	获取已选的所有对象
Color getSelectionBackground()	获取选中项目的背景色
void setSelectionBackground()	设置选中项目的背景色
Color getSelectionForeground()	获取选中项目的前景色
void setSelectionForeground()	设置选中项目的前景色

JList的使用示例。

```
import java.awt.BorderLayout;
import java.awt.EventQueue;
import javax.swing.JFrame;
import javax.swing.JLabel;
import javax.swing.JList;
import javax.swing.JOptionPane;
import javax.swing.JPanel;
import javax.swing.JScrollPane;
import javax.swing.UIManager;
import javax.swing.border.EmptyBorder;
import javax.swing.event.ListSelectionEvent;
import javax.swing.event.ListSelectionListener;
public class Demo extends JFrame {
    private static final long serialVersionUID = -5544682166217202148L;
    private JPanel contentPane;
    private JList<String> list;
    private JLabel label;
    public static void main(String[] args) {
        new Demo();
```

```
    }
    public Demo() {
        this.setTitle("监听列表项选择事件");
        this.setDefaultCloseOperation(JFrame.EXIT_ON_CLOSE);
        label = new JLabel(" ");
        this.getContentPane().add(label, BorderLayout.SOUTH);
        JScrollPane scrollPane = new JScrollPane();
        this.getContentPane().add(scrollPane, BorderLayout.CENTER);
        list = new JList<String>();
        list.addListSelectionListener(new ListSelectionListener() {
            public void valueChanged(ListSelectionEvent e) {
                do_list_valueChanged(e);
            }
        });
        scrollPane.setViewportView(list);
        String[] listData = new String[7];
        listData[0] = "《诛仙》";
        listData[1] = "《流星幻剑》";
        listData[2] = "《终极插班生》";
        listData[3] = "《我的美女大小姐》";
        listData[4] = "《极品家丁》";
        listData[5] = "《跨过千年来爱你》";
        listData[6] = "《烈火如歌》";
        list.setListData(listData);
        this.pack();
        this.setVisible(true);
    }
    protected void do_list_valueChanged(ListSelectionEvent e) {
        label.setText("当前选择的小说是：" +list.getSelectedValue());
        //JOptionPane.showMessageDialog(this, "当前选择的小说是：" +list.getSelectedValue
(), null, JOptionPane.INFORMATION_MESSAGE);
    }
}
```

运行效果如图3-50所示。

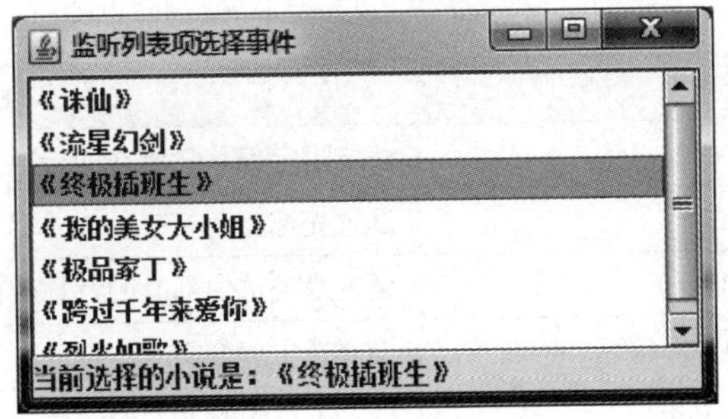

图3-50　JList示例效果

拓展6　文本域

文本域(JTextArea)用来编辑多行的文本。JTextArea除了允许多行编辑外,其他基本用法和JTextField基本一致。

JTextArea的构造方法和常用方法见表3-29和表3-30。

表3-29　JTextArea的构造方法

名称	描述
JTextArea()	构造新的TextArea
JTextArea(String text)	构造显示指定文本的新的TextArea
JTextArea(int rows, int columns)	构造具有指定行数和列数的新的空TextArea
JTextArea(String text, int rows, int columns)	构造具有指定文本、行数和列数的新的TextArea

表3-30　JTextArea常用方法

名称	描述
void setLineWrap(boolean wrap)	是否自动换行,默认为false
void setWrapStyleWord(boolean word)	设置自动换行方式。如果为true,则将在单词边界(空白)处换行;如果为false,则将在字符边界处换行。默认为false
String getText()	获取文本框中的文本
void append(String str)	追加文本到文档末尾
void replaceRange(String str, int start, int end)	替换部分文本
void setText(String text)	设置文本框的文本
void setFont(Font font)	设置文本框的字体
void setForeground(Color fg)	设置文本框的字体颜色
int getLineCount()	获取内容的行数(以换行符计算,满行自动换下一行不算增加行数)
int getLineEndOffset(int line)	获取指定行(行数从0开始)的行尾(包括换行符)在全文中的偏移量

续表

名称	描述
int getLineOfOffset(int offset)	获取指定偏移量所在的行数(行数从0开始)
void setCaretColor(Color c)	设置光标颜色
void setSelectionColor(Color c)	设置呈现选中部分的背景颜色
void setSelectedTextColor(Color c)	设置选中部分文本的颜色
void setDisabledTextColor(Color c)	设置不可用时文本的颜色
void setEditable(boolean b)	设置文本框是否可编辑

JTextArea在使用时,通常把它放到JScrollPane容器中来使用,以此来实现内容增多时可水平/垂直滚动的效果。

JTextArea的使用示例。

```
import javax.swing.*;
import java.awt.event.ActionEvent;
import java.awt.event.ActionListener;
public class Demo {
    public static void main(String[] args) {
        JFrame jf = new JFrame("测试窗口");
        jf.setSize(250, 250);
        //jf.setLocationRelativeTo(null);
        jf.setDefaultCloseOperation(WindowConstants.EXIT_ON_CLOSE);
        // 创建一个 5 行 10 列的文本区域
        final JTextArea textArea = new JTextArea(5, 10);
        // 设置自动换行
        textArea.setLineWrap(true);
        // 添加到滚动面板,实现内容超出编辑范围时垂直滚动
        JScrollPane scroll=new JScrollPane(textArea);
        jf.setContentPane(scroll);
        jf.setVisible(true);
    }
}
```

运行效果如图3-51所示。

图3-51　JTextArea示例效果

拓展7　表格

表格(JTable)是Swing新增加的组件,主要功能是把数据以二维表的形式显示出来。使用表格,最好生成一个MyTableModel类型的对象来表示数据,这个类是从AbstractTableModel类中继承来的,其中有几个方法要重写,例如geColumnCount、getRowCount、getColumnName和getValueAt。因为JTable会从这个对象中自动获取表格显示必须的数据,AbstractTableModel类的对象负责表格大小的确定(行和列)、内容的填写、赋值、表格单元更新的检测等一切与表格内容有关的属性及操作。JTable类生成的对象以TableModel为参数,并负责将TableModel对象中的数据以表格的形式显示出来。下面示例演示了表格的简单用法,更为复杂的用法请参照API。

JTable简单用法示例。

```
import javax.swing.*;
import java.awt.*;
public class Demo{
   JFrame mainJFrame;
   Container con;
   JScrollPane JSPane;
   JTable DataTable;
   public Demo(){
       mainJFrame = new JFrame();
       Object[][] playerInfo={
           {"张三","经理",new Integer(6500),new Integer(2000),new Integer(200)},
           {"李四","主管",new Integer(4500),new Integer(1000),new Integer(300)},
       };
       String[] Names={"姓名","职务","工资","奖金","罚款"};
       //创建带内容和表头信息的表格
       DataTable=new JTable(playerInfo,Names);
       JSPane=new JScrollPane(DataTable);
```

```
        mainJFrame.add(JSPane);
        mainJFrame.setTitle("JTable 使用示例");
        mainJFrame.setSize(300,200);
        mainJFrame.setVisible(true);
        mainJFrame.setDefaultCloseOperation(JFrame.EXIT_ON_CLOSE);
    }
    public static void main(String[] args) {
        new Demo();
    }
}
```

运行效果如图3-52所示。

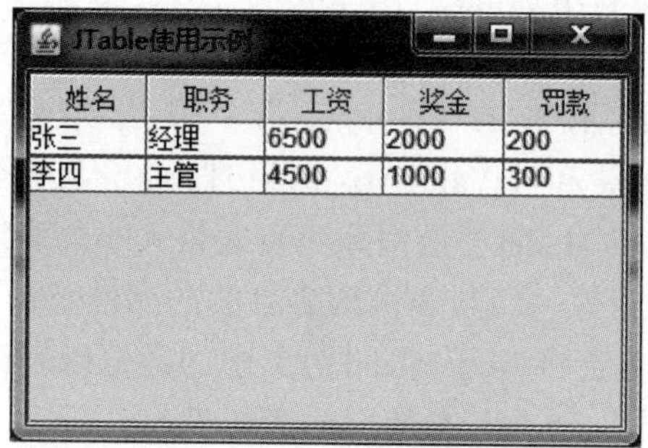

图3-52　JTable示例效果

项目四　开发仿Windows记事本

【项目描述】

使用Java程序语言，仿照Windows系统的记事本程序，设计一个简易记事本界面，效果如图4-1所示，实现基本文件的打开、保存以及新建功能。

图4-1　简易记事本运行效果

【典型工作环节】

典型工作环节1　分析任务

根据任务描述，记事本界面包括菜单区、工具栏区和文本编辑区，菜单分文件和帮助两项，主要功能在文件菜单中，包括新建、打开、保存以及退出4个功能。

菜单栏和工具栏分别使用JMenuBar和JToolbar，编辑区使用JTextArea。

典型工作环节2　收集资讯

资讯1　设计窗体菜单模块

资讯描述

使用Java语言开发一个窗体，在窗体上放置一个文件(File)菜单，点击File菜单，里面包含打开、保存以及退出3个菜单选项，效果如图4-2所示。

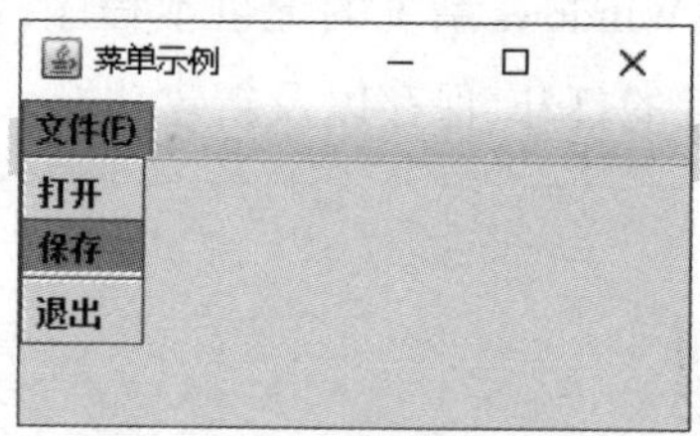

图4-2　File菜单

资讯分析

根据项目描述，要在窗体上设置一个File菜单，包含3个菜单项：打开、保存和退出，这里要解决两个问题。

①如何在窗体上添加菜单。

②如何能够捕获用户点击菜单的动作。

相关知识

菜单是非常重要的GUI组件，每个菜单组件包括一个菜单条，称为JMenuBar。每个菜单条又包含若干菜单，称为JMenu。每个菜单再包含若干菜单项，称为JMenuItem。每个菜单项的作用与按钮类似，在用户点击时引发一个动作命令。Java中菜单分为两大类：一类是下拉式菜单，通常所说的菜单就是指这一类菜单；另一类是弹出式菜单。

图4-3就是一个带菜单的窗体。

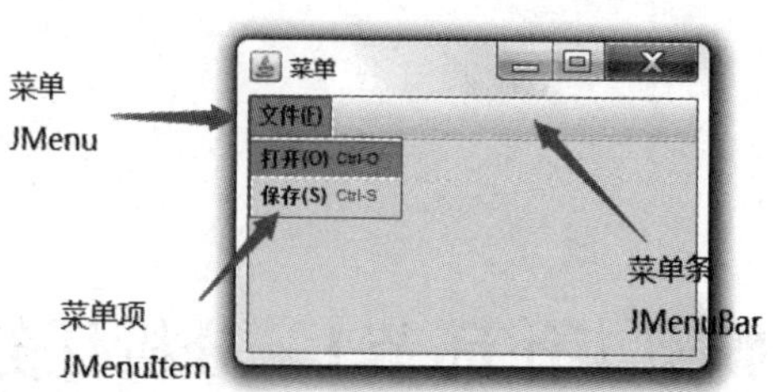

图4-3　带菜单的窗体

菜单的设计与实现步骤如下：

①创建一个空的菜单栏JMenuBar。

```
JMenuBar menuBar = new JMenuBar();
```

②创建不同的菜单JMenu加入空菜单条中。

```
JMenu fileMenu = new JMenu("文件");
menuBar.add(fileMenu);
```

③为每个菜单创建其包含的菜单项JMenuItem，并把菜单项加入菜单中。

```
JMenuItem fileMenuOpen = new JMenuItem("打开");
fileMenu.add(fileMenuOpen);
```

④将建成的菜单条加入窗体容器上。

```
JFrame f=new JFrame();
f.setMenuBar(menuBar);
```

⑤将菜单项注册给实现了动作事件的监听接口ActionListener的监听者，为监听者定义actionPerformed(ActionEvent e)方法，在这个方法中可以调用e.getSource()或者e.getActionCommand()来判断用户点击的是哪个菜单子项，并完成这个菜单子项定义的操作。

代码示例

MenuDemo.java

```
import java.awt.event.*;
import javax.swing.*;
public class MenuDemo extends JFrame implements ActionListener{
   JMenuBar menubar;//菜单条
   JMenu menuFile; //菜单
   JMenuItem itemOpen, itemSave,itemExit;  //菜单项
   public MenuDemo() {}
   public MenuDemo(String string) {
       init(string);
       setBounds(10, 10, 300, 200);
       setVisible(true);
       setDefaultCloseOperation(EXIT_ON_CLOSE);
   }
   void init(String s) {
       setTitle(s);
       menubar = new JMenuBar();
       menuFile = new JMenu("文件(F)");
       menuFile.setMnemonic('F'); //设置菜单的键盘操作方式是Alt + F键
       itemOpen = new JMenuItem("打开");
       itemSave = new JMenuItem("保存");
```

```
        itemExit = new JMenuItem("退出");
        itemOpen.addActionListener(this);
        itemSave.addActionListener(this);
        itemExit.addActionListener(this);
        menuFile.add(itemOpen);
        menuFile.add(itemSave);
        menuFile.addSeparator();//添加分割符
        menuFile.add(itemExit);
        menubar.add(menuFile); //将菜单添加到菜单条上
        setJMenuBar(menubar);
    }
    public void actionPerformed(ActionEvent event ) {
        System.out.println("Selected: "+event.getActionCommand());
    }
    public static void main(String args[]) {
        new MenuDemo("菜单示例");
    }
}
```

资讯2　设计窗体工具条模块

资讯描述

使用Java语言开发一个窗体，在窗体上放置一个工具条菜单，包含3个快捷按钮，分别是左对齐、居中对齐和右对齐，点击工具条中的快捷按钮，能显示出选择的是哪个按钮。效果如图4-4所示。

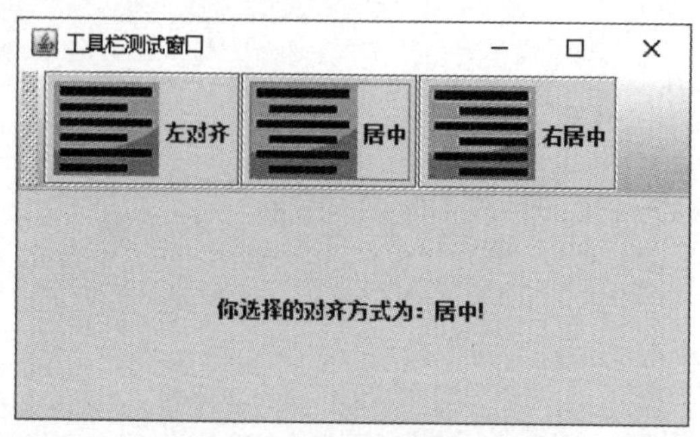

图4-4　快捷按钮运行效果

资讯分析

根据项目描述，要在窗体上设置一个工具条菜单，包含3个菜单快捷项：左对齐、居中对齐和右对齐，这里要解决两个问题。

①如何在窗体上添加工具条。

②如何能够捕获用户点击工具条上快捷菜单的动作。

相关知识

JToolBar工具栏相当于一个组件的容器，可以添加按钮、微调控制器等组件到工具栏中。每个添加的组件会被分配一个整数的索引，来确定这个组件的显示顺序。另外，组件可以位于窗体的任何一个边框，也可以成为一个单独的窗体。

一般来说，工具栏主要是用图标来表示，位于菜单栏的下方，也可以成为浮动的工具栏，形式很灵活。

JToolBar构造函数和常用方法见表4-1和表4-2。

表4-1　JToolBar构造函数

名称	描述
JToolBar()	建立一个新的JToolBar，位置为默认的水平方向
JToolBar(int orientation)	建立一个指定的JToolBar
JToolBar(String name)	建立一个指定名称的JToolBar
JToolBar(String name, int orientation)	建立一个指定名称和位置的JToolBar

表4-2　JToolBar的常用方法

名称	描述
public JButton add(Action a)	向工具栏中添加一个指派动作的新的Button
public void addSeparator()	将默认大小的分隔符添加到工具栏的末尾
public Component getComponentAtIndex(int i)	返回指定索引位置的组件
public int getComponentIndex(Component c)	返回指定组件的索引
public int getOrientation()	返回工具栏的当前方向
public boolean isFloatable()	获取Floatable属性，以确定工具栏是否可以拖动，如果可以则返回true，否则返回false
public boolean isRollover ()	获取rollover 状态，以确定当鼠标经过工具栏按钮时，是否绘制按钮的边框，如果需要绘制则返回true，否则返回false
public void setFloatable(boolean b)	设置 Floatable 属性，如果要移动工具栏，此属性必须设置为true

代码示例

```
ToolDemo.java
import java.awt.BorderLayout;
import java.awt.event.*;
import javax.swing.*;
public class ToolDemo extends JFrame implements ActionListener{
   JButton leftbutton = new JButton("左对齐",new ImageIcon("D:/1.png"));
```

```
    JButton middlebutton = new JButton("居中",new ImageIcon("D:/2.png"));
    JButton rightbutton = new JButton("右居中",new ImageIcon("D:/3.png"));
    private JButton[] buttonArray = new JButton[]{leftbutton,middlebutton,rightbutton};
    private JToolBar toolbar = new JToolBar("简易工具栏");
    private JLabel jl = new JLabel("请点击工具栏,选择对齐方式! ");
    public ToolDemo()   {
        for(int i=0;i<buttonArray.length;i++)      {
            toolbar.add(buttonArray[i]);
            //为按钮设置工具提示信息,当把鼠标放在其上时显示提示信息
            buttonArray[i].setToolTipText(buttonArray[i].getText());
            buttonArray[i].addActionListener(this);
        }
        toolbar.setFloatable(true); //设置工具栏,true 为可以成为浮动工具栏
        this.add(toolbar,BorderLayout.NORTH);
        this.add(jl);
        this.setTitle("工具栏测试窗口");
        this.setVisible(true);
        this.setBounds(200,200,300,200);
        this.setDefaultCloseOperation(JFrame.EXIT_ON_CLOSE);
    }
    public void actionPerformed(ActionEvent a) {
        if(a.getSource()==buttonArray[0])  {
            jl.setHorizontalAlignment(JLabel.LEFT);
            jl.setText("你选择的对齐方式为:"+buttonArray[0].getText()+"!");
        }
        if(a.getSource()==buttonArray[1])  {
            jl.setHorizontalAlignment(JLabel.CENTER);
            jl.setText("你选择的对齐方式为:"+buttonArray[1].getText()+"!");
        }
        if(a.getSource()==buttonArray[2])  {
            jl.setHorizontalAlignment(JLabel.RIGHT);
            jl.setText("你选择的对齐方式为:"+buttonArray[2].getText()+"!");
        }
    }
    public static void main(String args[]) {
        new ToolDemo();
    }
}
```

资讯3　设计磁盘扫描模块

资讯描述

使用Java语言开发程序，实现查询出磁盘目录下所有的文件以及文件夹，参考效果如图4-5所示。

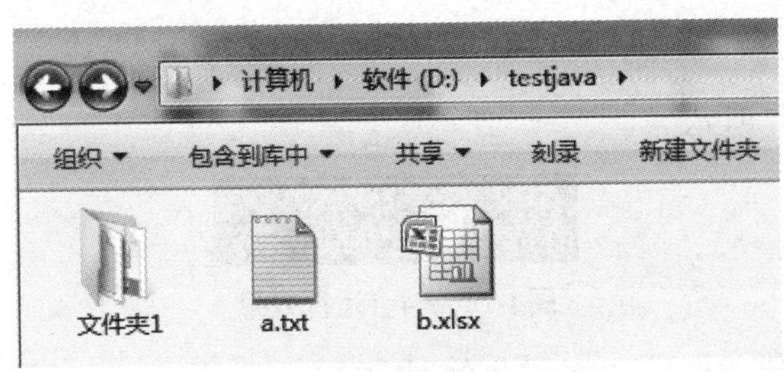

图4-5　查询磁盘目录下内容

运行效果如图4-6所示。

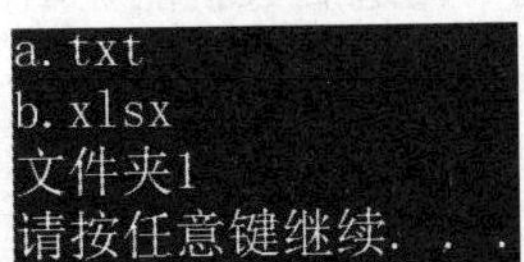

图4-6　查询结果运行效果

资讯分析

根据项目描述，需要解决在Java中如何对磁盘文件或目录进行操作。

相关知识

Java提供了File类，实现对磁盘文件或目录进行操作的功能。java.io.File类是在整个java.io包中最特殊的一个类，虽然在io包中，但它不是流的类，它不负责数据的输入输出，File类表示的是文件本身的若干操作，那么所谓的文件本身指的并不是对文件的内容操作，而是对文件的创建、删除等这些的操作。File类的构造方法见表4-3。

表4-3　File的构造方法

名称	描述
File(String pathname)	用给定路径名字符串创建File实例
File(String parent, String child)	根据父路径及子路径名称创建File实例
File(File parent, String child)	根据File对象及子路径名称创建File实例

(1)构造方法File(String pathname)

这个构造方法很好理解，根据一个路径名称得到一个File对象。

【例4_1】　利用构造方法指向C盘根目录下的abc.txt文件(当前没有该文件)，判断这个文件是否存在。

```
import java.io.File;
public class Demo1_File {
```

```
    public static void main(String[] args) {
        File file = new File("C:\\abc.txt");
        System.out.println(file.exists());
    }
}
```

运行效果如图4-7所示。

```
false
请按任意键继续. . .
```

图4-7 例4_1运行效果

(2)构造方法File(String Parent, String child)

这个构造方法是根据一个目录和子目录得到File对象。如果想对某一个文件路径下的多个文件进行操作,这时采用这个构造函数就能显示出优势。

【例4_2】 创建File对象,指向C盘根目录的abc.txt文件(提前创建好abc.txt)。

```
import java.io.File;
public class Demo{
    public static void main(String[] args){
        String parent = "C:\\ ";
        String child = "abc.txt";
        File file = new File(parent,child);
        System.out.println(file.exists());
    }
}
```

运行效果4-8所示。

```
true
请按任意键继续. . .
```

图4-8 例4_2运行效果

(3)构造函数File(File parent, String child)

这个构造函数和第二个有点相同,唯一的区别就参数parent是一个File对象。这个函数的好处就是可以对parent进行File相关的操作,例如打印父路径下有多少个文件等。

【例4_3】 使用构造器File(File parent, String child)创建File对象,指向C盘根目录的abc.txt文件(提前创建好abc.txt)。

```
import java.io.File;
public class Demo{
    public static void main(String[] args){
```

```
        File parent = new File("C:\\");
        String child = "abc.txt";
        File file = new File(parent,child);
        System.out.println(file.exists());
        System.out.println(parent.exists());
    }
}
```

运行效果如图4-9所示。

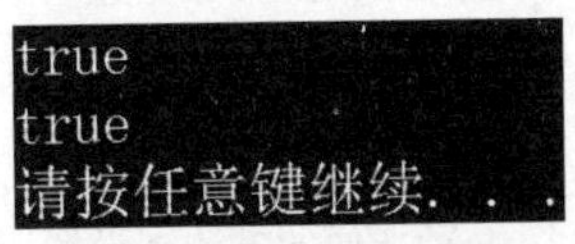

图4-9　例4_3运行效果

上面代码是对parent进行File相关方法调用测试,表现出的好处就是比第二个构造方法要灵活。

需要指出的是,当调用File类的构造方法时,仅仅是在程序运行环境中创建了一个File对象,而不是在文件系统中创建了一个文件。File对象可以表示文件系统中对应的目录或文件,也可以表示在文件系统中尚不存在的目录或文件。

上例中的exitsts()方法,是判断文件对象是否存在,File类中定义了许多成员方法,表4-4列出了File类的常用方法。

表4-4　File的常用方法

方法	描述
String getName()	获取文件或目录的名称
boolean canRead()	判断文件是否是可读
boolean canWrite()	判断文件是否可被写入
boolean exists()	判断文件或目录是否存在
long length()	获取文件的长度(以字节为单位)
String getAbsolutePath()	获取文件的绝对路径
String getParent()	获取文件的父路径
boolean isFile()	判断此抽象路径名表示的文件是否为普通文件
boolean isDirectory()	判断此抽象路径名表示的是否是一个目录
boolean isHidden	判断文件是否是隐藏文件
long lastModified()	获取文件最后修改时间
boolean canExecute()	判断应用程序是否可以执行此抽象路径名表示的文件
boolean createNewFile()	当且仅当具有该名称的文件尚不存在时,原子地创建一个由该抽象路径名命名的新的空文件
boolean delete()	删除由此抽象路径名表示的文件或目录

续表

方法	描述
File[ ] listFiles()	返回一个抽象路径名数组,表示由该抽象路径名表示的目录中的文件
String[ ] list()	返回一个字符串数组,命名由此抽象路径名表示的目录中的文件和目录
boolean mkdirs()	创建由此抽象路径名命名的目录,包括任何必需但不存在的父目录,可创建多层文件包
boolean mkdir()	创建由此抽象路径名命名的目录。只能创建一层文件包
boolean reNameTo(File dest)	重命名由此抽象路径名表示的文件
boolean setReadOnly()	标记由此抽象路径名命名的文件或目录,以便只允许读取操作
boolean setWritable(boolean writable)	一种方便的方法来设置所有者对此抽象路径名的写入权限

下面是一些常用操作示例 。

①创建文件 createNewFile(),返回的是否创建成功。

```
try {
    boolean flag = file.createNewFile();
    System.out.println(flag);
} catch (IOException e) {
}
```

②判断文件是否存在 exists(),如果不存在则创建,存在则不创建。

```
if(!file2.exists()){// 判断文件是否存在
    try{
        file2.createNewFile();
    } catch (IOException e) {
        e.printStackTrace();
    }
}else{
    System.out.println("已经存在了！ ");
}
```

③创建文件夹单层 mkdir()。

```
String string = "D:\\d";
File file = new File(string);
boolean flag = file.mkdir();// 创建文件夹 单层
```

```
System.out.println(flag);
```

④利用mkdirs可以同时创建多层目录。

```
File file2 = new File("D:\\d\\a\\c\\w");
file2.mkdirs();// 利用 mkdirs 可以同时创建多层目录
```

⑤区分是文件或者是文件夹。

```
if(file2.isDirectory()){// 判断是否是文件夹
    System.out.println("是文件夹");
}
if(file3.isFile()){
    System.out.println("是文件");
}
```

⑥删除指定文件。

```
File file2 = new File("D:\\d\\a\\c\\w");
File file3 = new File(file2, "abc.txt");
boolean flag2 = file3.delete();
System.out.println(flag2);
```

⑦length()判断文件的长度，而非文件夹的长度，返回long类型的。

```
long l = file3.length();
System.out.println(l);
```

代码示例

FileDemo.java

```
import java.io.File;
public class FileDemo {
    public static void main(String[] args) throws Exception {
        File file = new File("d:" + File.separator + "testjava"); // 指定要操作的文件
        if (file.exists()) { // 文件存在
            if (file.isDirectory()) { // 是文件夹
                String[] all = file.list();
                for (int x = 0; x < all.length; x++) {
                    System.out.println(all[x]);
                }
            }
        }
    }
}
```

资讯4　设计文件复制模块

资讯描述

使用Java语言开发程序，实现文件的复制功能，在复制的过程中，利用初始化参数设置复制的源路径与目标路径，同时在本程序执行时，可以复制任何文件，例如：图片、视频、文本等。

资讯分析

根据项目描述，对于此程序的要求，需要确认如何对文件内容进行读写操作。

由于程序要求可以复制任意类型的文件，所以很明显必须利用字节流（InputStream、OutputStream）类完成。而具体的复制操作实现，有以下两种做法。

①将所有的文件内容先一次性读取到程序中，再一次性输出。这种实现方式有一个缺陷：如果读取的文件量过大，会造成程序的崩溃。

②采用边读取边输出的操作方式，每次从源文件输入流中读取部分数据，而后将这部分数据交给输出流输出，这样的做法不会占用较大的内存空间，但是会适当损耗一些时间（可以通过限制文件大小来避免此类问题）。

如果要想完成本操作，实际上需要使用InputStream与OutputStream类的两个操作方法。

InputStream类：public int read(byte[ ] b) throws IOException；将内容读取到字节数组中，如果没有数据则返回-1，否则就是读取长度。

OutputStream类：public void write(byte[ ] b, int off , int len) throws IOException。要设置的字节数组实际上就是在read方法里面使用的数组；数据输出一定是从字节数组的第0个元素开始，输出读取的数据长度。在实际的开发中，最常见的是这两个方法的结合使用。

相关知识

（1）流与文件概述

1）输入和输出

输入和输出是程序设计语言的重要功能，是程序和用户之间的桥梁。方便易用的输入与输出可以使程序和用户之间产生良好的交互。输入功能使程序可以从外界如键盘、扫描仪等接收信息。输出功能使程序可以将运算结果等信息传递到外界，如屏幕、打印机、磁盘文件等。

2）流

Java语言的输入与输出是以流（Stream）的方式来处理的，流是一种数据流，是指在计算机输入输出操作中流动的数据序列。数据可以是字符、数字或由二进制数字组成的字节。如果数据进入程序中，这样的流就称为输入流（input stream）。如果数据从程序而来，这样的流称为输出流（output stream）。例如，如果输入流与键盘连上，数据就从键盘进入程序中。如果输入流与文件连接，数据就从文件进入到程序中。数据流的示意过程如图4-10所示。

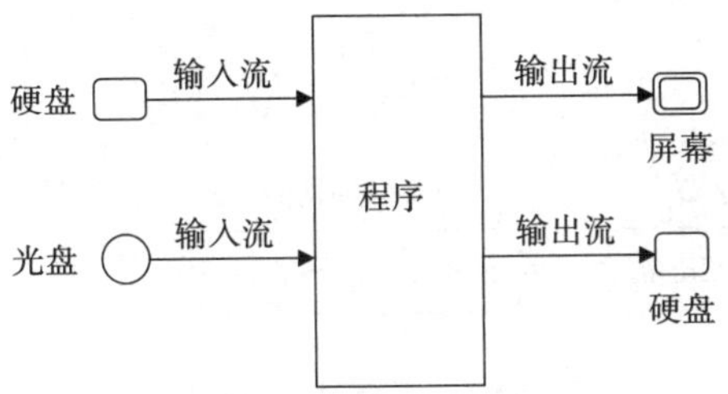

图4-10　数据流示意图

Java的流分类比较丰富,刚接触的人看了后会感觉很晕。流分类的方式很多:

①按照输入的方向分,输入流和输出流,输入输出的参照对象是Java程序。数据的输入过程如图4-11所示,输出过程如图4-12所示。

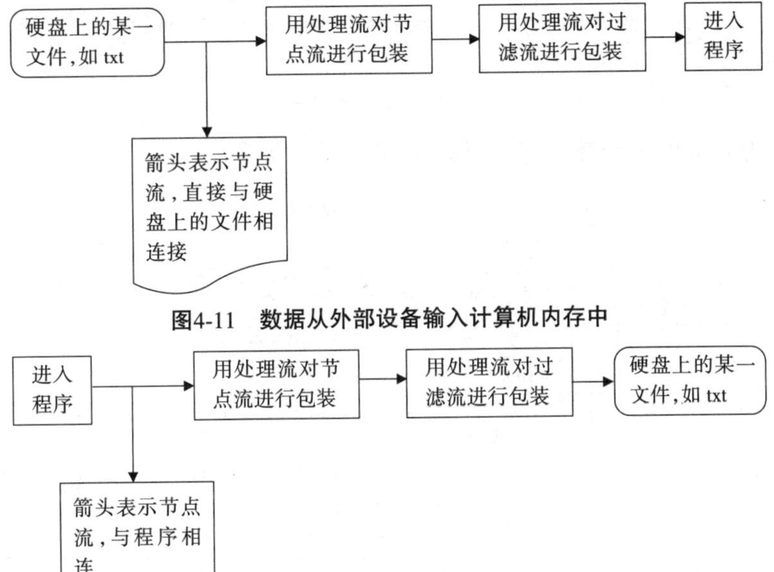

图4-11　数据从外部设备输入计算机内存中

图4-12　数据从计算机内存输出到外部设备中

②按照处理数据的单位不同分,字节流和字符流,字节流读取的最小单位是一个字节(1 byte=8 bit),而字符流一次可以读取一个字符(1 char = 2 byte = 16 bit)。

③按照功能的不同分,分节点流和处理流(过滤流),节点流是直接从一个源读写数据的流(这个流没有经过包装和修饰),处理流是在对节点流封装的基础上的一种流,如FileInputStream是一个节点流,可以直接从文件读取数据,但是BufferedInputStream可以包装FileInputStream,使得其有缓冲功能。

注意:与目标相连接的一定是节点流。在流的过程中可以通过处理流。即处理流不能与目标直接进行连接,我们往往使用处理流来链接节点流,增加对数据处理的功能。Java IO流的链接如图4-13和图4-14所示,图4-13表示使用BufferedInputStream链接FileInputStream来增强FileInputStream的读取功能;图4-14表示使用BufferedOutputStream链接FileOutputStream来增强FileOutputStream的写数据功能。

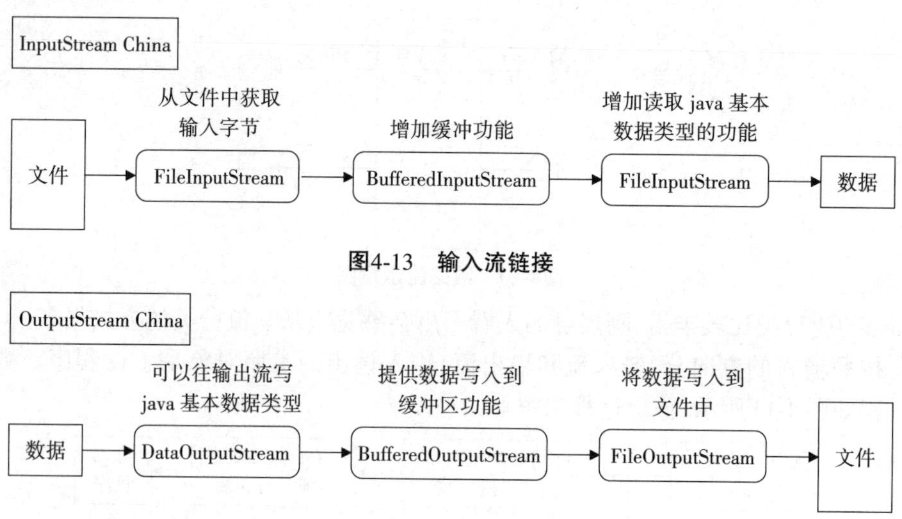

图4-13　输入流链接

图4-14　输出流链接

图4-15为Java IO流整体架构图,列出了常用的流类型。

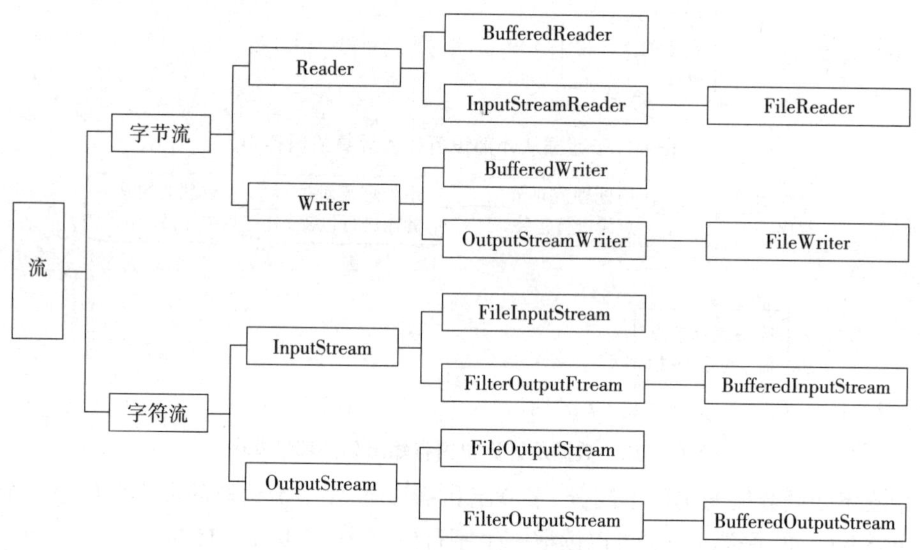

图4-15　IO流整体架构图

不管流的分类多么丰富和复杂,其根源来自4个基本的类,这4个类的关系见表4-5。

表4-5　基本流

流的类型	字节流	字符流
输入流	InputStream	Reader
输出流	OutputStream	Writer

(2)字节流和字符流

File类本身可以操作文件,但是却无法进行文件内容的操作,如果想要对文件内容进行操作的话,则需要使用字节流和字符流两种类型的操作流才能完成。

• 字节流:InputStream、OutputStream。

• 字符流：Reader、Writer。

但是不管使用的是何种流，其基本的操作形式是固定的，以进行文件的操作流为例，步骤如下：

①如果要操作的是文件，则首先通过File类找到一个文件。

②通过字节流或字符流的子类为父类实例化。

③进行读 / 写的操作。

④由于流属于资源操作，操作后必须关闭。

1)字节输出流

字节输出流类的作用就是将暂时存储在计算机内存中的数据以字节为基本单位输出到外部存储设备中。下面介绍常用的字节输出流。

①OutputStream。OutputStream是Java中的抽象类，所以不能被实例化，它是所有表示字节输出流的类的父类，定义了所有Java字节输出流都具有的基本操作。OutputStream提供了一系列和写入数据有关的方法。表4-6列出了OutputStream类的主要方法。

表4-6 OutputStream类的主要方法

方法	描述
close()	关闭此输出流并释放相应资源
flush()	刷新此输出流并强制写出所有缓冲的输出字节
write(byte[] bytearry)	将字节写入此输出流
write(byte[] bytearry,int offset,int len)	将指定的若干字节写入此输出流。将指定byte数组中从偏移量offset开始的len个字节
write(int)	将指定若干字节写入此输出流

②ByteArrayOutputStream。ByteArrayOutputStream类实现在内存中创建一个字节数组缓冲区，所有发送到输出流的数据保存在该字节数组缓冲区中，使程序能够对字节数组进行写操作。在创建它的实例时，程序中先创建一个byte类型的数组，然后利用ByteArrayOutputStream的实例方法获取内存中字节数组的数据。表4-7列出了ByteArrayOutputStream类的主要方法。

表4-7 ByteArrayOutputStream类的主要方法

名称	描述
public void reset()	将此字节数组输出流的count字段重置为零，从而丢弃输出流中目前已累积的所有数据输出
public byte[] toByteArray()	创建一个新分配的字节数组。数组的大小和当前输出流的大小，内容是当前输出流的拷贝
public String toString()	将缓冲区的内容转换为字符串，根据平台的默认字符编码将字节转换成字符
public void write(int w)	将指定的字节写入此字节数组输出流

续表

名称	描述
public void write(byte [ ]b, int off, int len)	将指定字节数组中从偏移量 off 开始的 len 个字节写入此字节数组输出流
public void writeTo(OutputStream outSt)	将此字节数组输出流的全部内容写入到指定的输出流参数中

【例4_4】 ByteArrayOutputStream的使用。

```
import java.io.IOException;
import java.io.OutputStream;
import java.io.ByteArrayOutputStream;
import java.io.ByteArrayInputStream;
//ByteArrayOutputStream 测试程序
public class Demo {
   private static final int LEN = 5;
   // 对应英文字母"abcdefghijklmnopqrstuvwxyz"
   private static final byte[] ArrayLetters = {
        0x61, 0x62, 0x63, 0x64, 0x65, 0x66, 0x67, 0x68, 0x69, 0x6A, 0x6B, 0x6C, 0x6D,
0x6E, 0x6F, 0x70, 0x71, 0x72, 0x73, 0x74, 0x75, 0x76, 0x77, 0x78, 0x79, 0x7A
   };
   public static void main(String[] args) {
        tesByteArrayOutputStream() ;
   }
   /**
   * ByteArrayOutputStream 的 API 测试函数
   */
   private static void tesByteArrayOutputStream() {
        // 创建 ByteArrayOutputStream 字节流
        ByteArrayOutputStream baos = new ByteArrayOutputStream();
        //依次写入"A""B""C"三个字母。0x41 对应 A,0x42 对应 B,0x43 对应 C。
        baos.write(0x41);
        baos.write(0x42);
        baos.write(0x43);
        System.out.printf("baos=%s\n", baos);
        // 将 ArrayLetters 数组中从"3"开始的后 5 个字节写入到 baos 中。
        // 即对应写入"0x64, 0x65, 0x66, 0x67, 0x68",即"defgh"
        baos.write(ArrayLetters, 3, 5);
        System.out.printf("baos=%s\n", baos);
```

```
        // 计算长度
        int size = baos.size();
        System.out.printf("size=%s\n", size);
        // 转换成 byte[]数组
        byte[] buf = baos.toByteArray();
        String str = new String(buf);
        System.out.printf("str=%s\n", str);
        // 将 baos 写入到另一个输出流中
        try {
            ByteArrayOutputStream baos2 = new ByteArrayOutputStream();
            baos.writeTo((OutputStream)baos2);
            System.out.printf("baos2=%s\n", baos2);
        } catch (IOException e) {
            e.printStackTrace();
        }
    }
}
```

运行效果如图4-16所示。

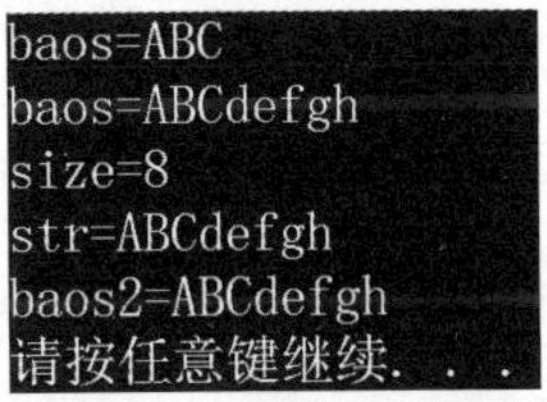

```
baos=ABC
baos=ABCdefgh
size=8
str=ABCdefgh
baos2=ABCdefgh
请按任意键继续. . .
```

图4-16　例4_4运行效果

③FileOutputStream。FileOutputStream类是OutputStream类的直接子类，它用来创建一个文件并向文件中写数据，写入数据的基本单位是字节。如果该流在打开文件进行输出前，目标文件不存在，那么该流会创建该文件；如果指定的文件已经存在，则会覆盖原来的文件；如果文件不可写入，则会抛出FileNotFoundException异常。表4-8列出了FileOutputStream类的构造方法。

表4-8　FileOutputStream类的构造方法

名称	描述
public FileOutputStream(File file)	创建一个向指定File对象表示的文件中写入数据的文件输出流
public FileOutputStream(File file, boolean append)	创建一个向指定File对象表示的文件中写入数据的文件输出流。如果第二个参数为true，则将字节写入文件末尾处，而不是写入文件开始处

续表

名称	描述
public FileOutputStream(String name)	创建一个向具有指定名称的文件中写入数据的输出文件流
public FileOutputStream (String name, boolean append)	创建一个向具有指定名称的文件中写入数据的输出文件流。如果第二个参数为 true,则将字节写入文件末尾处,而不是写入文件开始处

【例4_5】 使用FileOutputStream向文件中写出数据。

```
import java.io.FileOutputStream;
//FileOutputStream:节点流(低级流),向文件中写出数据
public class Demo{
    public static void main(String[] args){
        try {
            //向文件中写入字节数组
            String font="输出流是用来写入数据的! ";
            FileOutputStream fos = new FileOutputStream("d:/FOSDemo.txt");
            fos.write(font.getBytes());
            //关闭此文件输出流并释放与此流有关的所有系统资源。此文件输出流不能再用于
写入字节。 如果此流有一个与之关联的通道,则关闭该通道。
            fos.close();
        } catch (Exception e) {
            e.printStackTrace();
        }
    }
}
```

运行效果如图4-17所示。

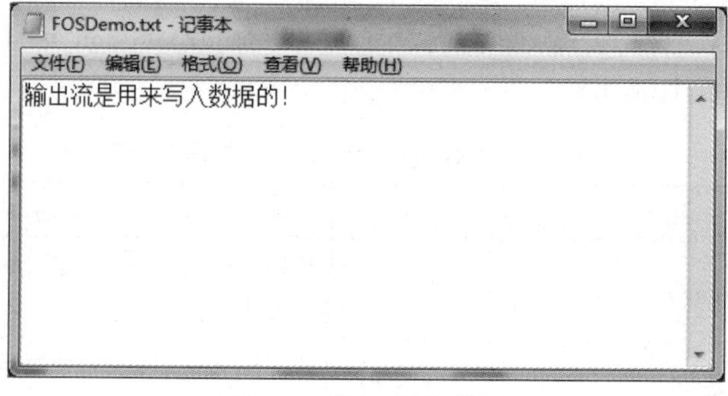

图4-17 例4_5运行效果

④BufferedOutputStream。BufferedOutputStream 是 FilterOutputStream 的子类,称为缓

冲字节输出流，是一个高级流（处理流），与其他低级流配合使用，它利用输出缓冲区来提高写数据的效率。BufferedOutputStream类先把数据写入到缓冲区，当缓冲区满的时候才真正把数据写入目的端，这样可以减少向目的端写数据的次数，从而提高输出的效率。BufferedOutputStream的构造方法和常用方法见表4-9和表4-10。

表4-9　BufferedOutputStream的构造方法

名称	描述
public BufferedOutputStream(OutputStream out)	创建一个新的缓冲输出流，以将数据写入指定的底层输出流
public BufferedOutputStream (OutputStream out, int size)	创建一个新的缓冲输出流，以将具有指定缓冲区大小的数据写入指定的底层输出流

表4-10　BufferedOutputStream的常用方法

名称	描述
public void write(int b)	向输出流中输出一个字节
public void write(byte[ ] b, int off, int len)	将指定 byte 数组中从偏移量 off 开始的 len 个字节写入此缓冲的输出流
public void flush()	刷新此缓冲的输出流。这迫使所有缓冲的输出字节被写出到底层输出流中

【例4_6】　向文件中写出数据。

```
import java.io.BufferedOutputStream;
import java.io.FileOutputStream;
public class Demo {
   public static void main(String[] args){
      try {
         FileOutputStream fos=new FileOutputStream("d:/BOSDemo.txt");
         BufferedOutputStream bos=new BufferedOutputStream(fos);
         String content="我是缓冲输出流测试数据！";
         bos.write(content.getBytes(),0,content.getBytes().length);
         bos.flush();
         bos.close();
      } catch (Exception e) {
            e.printStackTrace();
      }
   }
}
```

运行效果如图4-18所示。

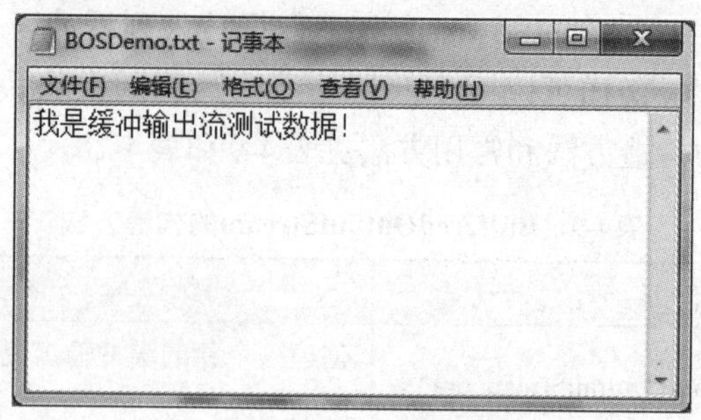

图4-18　例4_6运行效果

2)字节输入流

字节输入流类的作用是从外部设备获取字节数据输入计算机内存中。下面介绍常用的字节输入流。

①InputStream。在Java中,InputStream类是所有字节输入流的直接或间接父类,它定义了所有Java字节输入流都具有的特性,它是个抽象类,不能直接实例化使用。InputStream提供了一系列和读取数据有关的方法,具体使用方法见表4-11。

表4-11　InputStream类的方法

名称	描述
int available()	返回可以不受阻塞地从此输入流读取(或跳过)的估计字节数
void close()	关闭此输入流并释放与该流关联的所有系统资源
void mark(int readlimit)	在此输入流中标记当前的位置。readlimit参数告知此输入流在标记位置失效之前允许读取的字节数
boolean markSupported()	测试此输入流是否支持mark和reset方法
abstract int read()	从输入流中读取数据的下一个字节
int read(byte[] b)	从输入流中读取一定数量的字节,并将其存储在缓冲区数组b中
int read(byte[] b, int off, int len)	将输入流中最多len个数据字节读入byte数组
void reset()	将此流重新定位到最后一次对此输入流调用mark方法时的位置
long skip(long n)	跳过和丢弃此输入流中数据的n个字节

②ByteArrayInputStream。ByteArrayInputStream类可以将字节数组转化成输入流,它在内存中创建一个字节数组缓冲区,从输入流读取的数据保存在该字节数组缓冲区中。在创建它的实例时,程序中提供一个byte类型的数组,作为输入流的数据源。

ByteArrayInputStream的构造方法和常用方法见表4-12和表4-13。

表4-12　ByteArrayInputStream的构造方法

名称	描述
ByteArrayInputStream(byte[] buf)	创建一个ByteArrayInputStream,使其使用buf作为其缓冲区数组

续表

名称	描述
ByteArrayInputStream (byte [ ] buf, int offset, int length)	创建 ByteArrayInputStream 使用 buf 作为其缓冲器阵列，offset 表示读取的第一个字节，length 表示读取字节的长度

表4-13 ByteArrayInputStream的常用方法

名称	描述
int available()	返回可从此输入流读取(或跳过)的剩余字节数
void close()	关闭一个 ByteArrayInputStream 没有任何效果
void mark(int readAheadLimit)	设置流中当前标记的位置
boolean markSupported()	测试这个 InputStream 支持标记/复位
int read()	从该输入流读取下一个数据字节
int read(byte[] b, int off, int len)	从该输入流读取最多 len 个字节的数据到字节数组
void reset()	将缓冲区重置为标记位置
long skip(long n)	跳过此输入流的 n 字节输入

【例4_7】 演示 ByteArrayInputStream 的使用。

```
import java.io.ByteArrayInputStream;
import java.io.IOException;
public class Demo {
    public static void main(String[] args) throws IOException {
        //内存中的一个字节数组
        byte []buf="字节输入流示例".getBytes();
        //创建该字节数组的输入流
        ByteArrayInputStream byteArrayInputStream=new ByteArrayInputStream(buf);
        //内存中的另一个数组
        byte []pos=new byte[buf.length];
        //通过字节数组输入流向该内存中输入字节
        while (byteArrayInputStream.read(pos)!=-1);
        byteArrayInputStream.close();
        System.out.println(new String(pos));
    }
}
```

运行效果如图 4-19 所示。

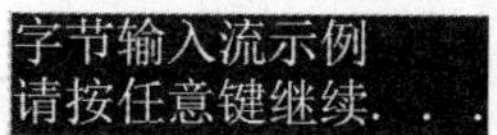

图4-19 例4_7运行效果

③FileInputStream。FileInputStream类是InputStream类的子类,用来从指定的文件中读取数据,由于其操作的是字节数据,所以它不但可以读写文本文件,也可以读写图片、声音等二进制文件。

FileInputStream的构造方法和常用方法见表4-14和表4-15。

表4-14 FileInputStream的构造方法

名称	描述
public FileInputStream(File file)	通过打开一个到实际文件的连接来创建一个FileInputStream,该文件通过文件系统中的File对象file指定
public FileInputStream(String name)	通过打开一个到实际文件的连接来创建一个FileInputStream,该文件通过文件系统中的路径名name指定

表4-15 FileInputStream的常用方法

名称	描述
public void close() throws IOException{}	关闭此文件输入流并释放与此流有关的所有系统资源。抛出IOException异常
protected void finalize () throws IOException{}	这个方法清除与该文件的连接。确保在不再引用文件输入流时调用其close方法。抛出IOException异常
public int read(int r)throws IOException{}	这个方法从InputStream对象读取指定字节的数据。返回为整数值。返回下一字节数据,如果已经到结尾则返回-1
public int read (byte[] r) throws IOException{}	这个方法从输入流读取r.length长度的字节。返回读取的字节数。如果是文件结尾则返回-1
public int available() throws IOException{}	返回下一次对此输入流调用的方法可以不受阻塞地从此输入流读取的字节数。返回一个整数值

【例4_8】 使用FileInputStream读取文件。

```
import java.io.FileInputStream;
public class Demo {
   public static void main(String [] args) throws Exception{
       FileInputStream fis  = new FileInputStream("Demo.java") ;
       int by = 0 ;
       while((by=fis.read())!=-1) {
           System.out.print((char)by);
       }
       fis.close();
```

```
    }
}
```

运行效果如图4-20所示。

```
import java.io.FileInputStream;
public class Demo {
    public static void main(String [] args) throws Exception{
        FileInputStream fis  = new FileInputStream("Demo.java") ;
        int by = 0 ;
        while((by=fis.read())!=-1) {
            System.out.print((char)by);
        }
        fis.close();
    }
}请按任意键继续. . .
```

图4-20　例4_8运行效果

④BufferedInputSteam。BufferedInputStream类是FilterInputStream类的子类，它可以为InputStream类的对象增加缓冲区功能，提高读取数据的效率。实例化BufferedInputStream类的对象时，需要给出一个InputStream类型的实例对象。

BufferedInputStream的构造方法和常用方法见表4-16和表4-17。

表4-16　BufferedInputStream的构造方法

名称	描述
BufferedInputStream(InputStream in)	创建一个BufferedInputStream并保存其参数。即输入流in，以便将来使用。使用默认的2 048字节做缓冲区大小、底层字节输入流构建bis
BufferedInputStream(InputStream in, int size)	创建具有指定size缓冲区大小的BufferedInputStream并保留其参数，即输入流，底层字节输入流构建bis

表4-17　BufferedInputStream的常用方法

名称	描述
int available()	返回可以从此输入流中读取(或跳过)的字节数的估计值，而不会被下一次调用此输入流的方法阻塞
void close()	关闭此输入流并释放与此流有关的所有系统资源
boolean markSupport()	查看此流是否支持mark
void mark(int readLimit)	参见 mark方法 InputStream的总合同
int read()	参见 read方法 InputStream的总合同
int read(byte[] b, int off, int len)	从给定的偏移量开始，将此字节输入流中的字节读入指定的字节数组
void reset()	重置最后一次调用mark标记的buf中的位置
long skip(long n)	跳过n个字节，不仅仅是buf中的有效字节，也包括in的源中的字节

【例4_9】 使用BufferedInputStream读取文件。

```
import java.io.BufferedInputStream;
import java.io.FileInputStream;
public class Demo {
    public static void main(String [] args) throws Exception{
        //构造一个字节缓冲输入流对象
        BufferedInputStream bis = new BufferedInputStream(new FileInputStream("d:/a.txt"));
        //一次读取一个字节数组
        byte[] bys = new byte[1024] ;
        int len = 0 ;
        while((len=bis.read(bys))!=-1){
            System.out.println(new String(bys, 0, len)); //通过使用平台的默认字符集解码指定的 byte 字数组,构造一个新的 String。
        }
        //释放资源
        bis.close();
    }
}
```

运行效果如图4-21所示。

```
我是缓冲输入流测试数据!
请按任意键继续. . .
```

图4-21 例4_9运行效果

3)字符输出流

字符输出流的基类是Writer,通过Writer类的直接或间接子类,可以输出单位字符、字符数组或字符串等文本数据。

①Writer。Writer类是字符输出流,它本身是一个抽象类,是所有字符输出流的父类。与OutputStream相同的是,Writer类中定义了所有字符输出流的标准和一些必须具有的基本方法(表4-18);与OutputStream不同的是Writer有个自带的缓存字符数组writerBuffer,它不是直接将字符写入到字符输出流管道中的,而是先放在writerBuffer中。

表4-18 Writer的常用方法

名称	描述
abstract void close()	关闭此流
abstract void flush()	刷新该流的缓冲
abstract void write(char[] cbuf, int off, int len)	将字符数组cbuf中从索引off处开始的len个字符写入输出流

续表

名称	描述
void write(int c)	写入单个字符
void write(String str)	写入单个字符串
void write(String str, int off, int len)	将字符串 str 中从索引 off 处开始的 len 个字符写入到输出流

②FileWriter。FileWriter 类从 OutputStreamWriter 类继承而来。该类按字符向流中写入数据。

FileWriter的构造方法和常用方法见表4-19和表4-20。

表4-19　FileWriter的构造方法

名称	描述
FileWriter(File file)	在给出 File 对象的情况下构造一个 FileWriter 对象
FileWriter(File file, boolean append)	在给出 File 对象的情况下构造一个 FileWriter 对象，是否附加写入的数据
FileWriter(FileDescriptor fd)	构造与某个文件描述符相关联的 FileWriter 对象
FileWriter(String fileName, boolean append)	在给出文件名的情况下构造 FileWriter 对象，它具有指示是否挂起写入数据的 boolean 值

表4-20　FileWriter的常用方法

名称	描述
public void write(int c) throws IOException	写入单个字符
public void write(char [] c, int offset, int len)	写入字符数组中开始为offset长度为len的某一部分
public void write(String s, int offset, int len)	写入字符串中开始为offset长度为len的某一部分

【例4_10】 使用FileWriter进行写文件操作。

```
import java.io.*;
public class Demo{
   public static void main(String args[]) throws IOException {
      File file = new File("d:/Hello1.txt");
      // 创建文件
      file.createNewFile();
      FileWriter writer = new FileWriter(file);
      // 向文件写入内容
      writer.write("这是 FileWriter 的一个示例\n");
      writer.flush();
      writer.close();
```

```
    }
}
```

运行效果如图4-22所示。

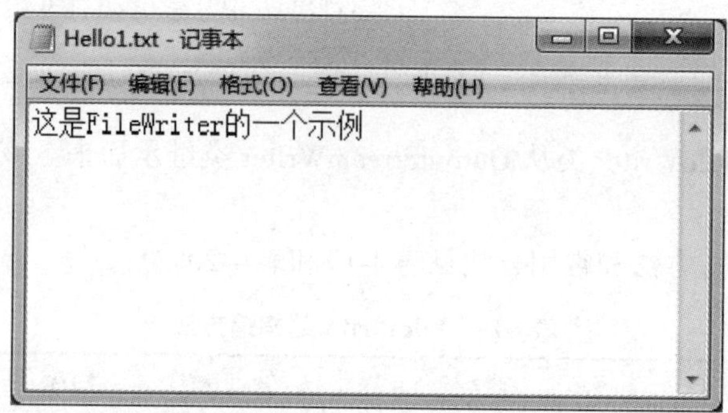

图4-22 例4_10运行效果

③BufferedWriter。使用BufferedWriter时,写入的数据并不会直接输出到目的地,而是先存储在缓冲区中,直到数据写满了缓冲区,才会对目的地进行写入,这样就减少了对磁盘的操作,从而提高了程序运行的效率。

BufferedWriter的构造方法和常用方法见表4-21和表4-22。

表4-21 BufferedWriter的构造方法

名称	描述
BufferedWriter(Writer out)	默认缓冲区大小构造字符缓冲输出流对象
BufferedWriter(Writer out,int size)	指定缓冲区大小,以字符为单位

表4-22 BufferedWriter的常用方法

名称	描述
public void write(int c) throws IOException	写入单个字符
public void write(String str) throws IOException	写入单个字符串
public void close() throws IOException	关闭此流,但要先刷新它
public void newLine() throws IOException	写入一个行分隔符

【例4_11】 使用BufferedWriter进行写文件操作。

```
import java.io.BufferedWriter;
import java.io.File;
import java.io.FileWriter;
import java.io.IOException;
public class Demo {
    public static void main(String [] args) {
        try {
```

```
            File file = new File("bufferedWriter.txt");
            BufferedWriter writer = new BufferedWriter(new FileWriter(file));
            writer.write(new char[] { 'a', 'b', 'c', 'd', 'e' }, 0, 3);
            writer.newLine();
            writer.write("ABCDEFGHIJKLMN", 0, 3);
            writer.newLine();
            writer.write('\n');
            writer.write(65);
            writer.flush();
            writer.close();
        }catch (IOException e) {
            e.printStackTrace();
        }
    }
}
```

运行效果如图4-23所示。

图4-23 例4_11运行效果

④PrintWriter。PrintWriter用于将各种Java数据以字符串的形式打印到底层字符输出流中，本身不会产生任何IOException，但是可以通过checkError()方法来查看写数据是否成功。

PrintWriter的构造方法和常用方法见表4-23和表4-24。

表4-23 PrintWriter的构造方法

名称	描述
PrintWriter(File file)	使用指定文件创建不具有自动行刷新的新 PrintWriter
PrintWriter(File file, String csn)	创建具有指定文件和字符集且不带自动行刷新的新 PrintWriter
PrintWriter(OutputStream out)	根据现有的 OutputStream 创建不带自动行刷新的新 PrintWriter

续表

名称	描述
PrintWriter (OutputStream out, boolean autoFlush)	通过现有的 OutputStream 创建新的 PrintWriter
PrintWriter(String fileName)	创建具有指定文件名称且不带自动行刷新的新 PrintWriter
PrintWriter(String fileName, String csn)	创建具有指定文件名称和字符集且不带自动行刷新的新 PrintWriter
PrintWriter(Writer out)	创建不带自动行刷新的新 PrintWriter
PrintWriter(Writer out, boolean autoFlush)	创建新的新 PrintWrite

表4-24　PrintWriter的常用方法

名称	描述
println(Object obj)	打印obj,可以是基本数据类型或对象,并换行
print(Object obj)	打印obj,但不换行
write(int i)	写入单个字符
write(char[ ] buf) 。	写入单个字符数组
write(char[ ] buf, int off, int len)	写入字符数组的某一部分
write(String s)	写入字符串
write(String s, int off, int len)	写入字符串的某一部分

【例4_12】 使用PrintWriter进行写文件操作。

```
import java.io.IOException;
import java.io.PrintWriter;
import java.io.FileWriter;
import java.io.File;
public class Demo {
    public static void main(String[] args){
        PrintWriter pw = null;
        String name = "张三丰";
        int age = 22;
        char sex = '男';
        try{
            pw = new PrintWriter(new FileWriter(new File("d:\\file.txt")),true);
            pw.printf("姓名:%s;年龄:%d;性别:%c;", name,age,sex);
            pw.println();
            pw.println("多多指教");
```

```
            pw.write(name.toCharArray());
        }catch(IOException e){
            e.printStackTrace();
        }finally{
            pw.close();
        }
    }
}
```

运行效果如图4-24所示。

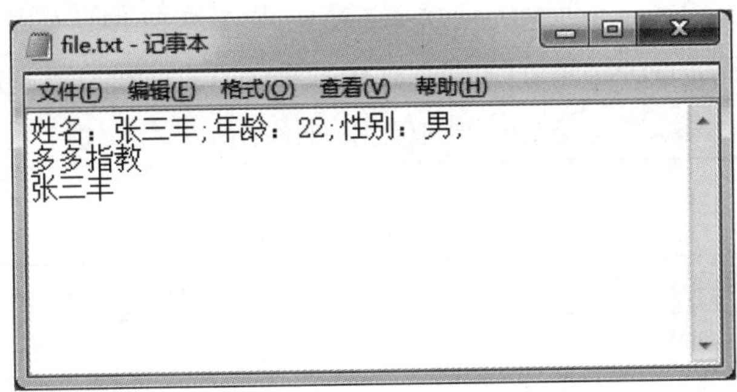

图4-24 例4_12运行效果

4)字符输入流

字符输入流以字符为基本单位,从外部存储设备获取数据输入计算机内存中,所有字符输入流都是Reader类的直接或间接子类。通过字符流可以方便地读取文本数据。

①Reader。InputStream读取的是字节流,为了方便程序读取文本数据内容,Java提供了Reader类,它是所有字符输入流的父类。Reader类是抽象类,不能直接实例化使用。Reader类中定义的方法与InputStream类似,Reader类的常用方法见表4-25。

表4-25 Reader类的常用方法

名称	描述
int available()	返回可以不受阻塞地从此输入流读取(或跳过)的估计字节数
void close()	关闭此输入流并释放与该流关联的所有系统资源
void mark(int readlimit)	在此输入流中标记当前的位置。readlimit参数告知此输入流在标记位置失效之前允许读取的字节数
boolean markSupported()	测试此输入流是否支持mark和reset方法
int read()	读取一个字符,返回值是读取的字符
int read(byte[] b)	从输入流中读取一定数量的字符,并将其存储在缓冲区数组b中,返回值是实际读取的字符的数量
int read(byte[] b, int off, int len)	将输入流中最多len个字符读入byte数组

续表

名称	描述
void reset()	将此流重新定位到最后一次对此输入流调用mark方法时的位置
long skip(long n)	跳过和丢弃此输入流中数据的n个字符

②FileReader。FileReader类从InputStreamReader类继承而来，该类按字符读取流中数据。

FileReader的构造方法和常用方法见表4-26和表4-27。

表4-26 FileReader的构造方法

名称	描述
FileReader(File file)	在给定从中读取数据的 File 的情况下创建一个新 FileReader
FileReader(FileDescriptor fd)	在给定从中读取数据的 FileDescriptor 的情况下创建一个新 FileReader
FileReader(String fileName)	在给定从中读取数据的文件名的情况下创建一个新 FileReader

表4-27 FileReader的常用方法

名称	描述
public int read() throws IOException	读取单个字符，返回一个int型变量代表读取到的字符
public int read(char [ ] c, int offset, int len)	读取字符到c数组，返回读取到字符的个数

【例4_13】 使用FileReader读取d:/Hello1.txt内容。

```
import java.io.*;
public class Demo{
    public static void main(String args[]) throws IOException {
        File file = new File("d:/Hello1.txt");
        System.out.println(file.length());
        // 创建 FileReader 对象
        FileReader fr = new FileReader(file);
        int ch = 0;
        while((ch = fr.read()) != -1){
            System.out.print((char)ch);
        }
        fr.close();
    }
}
```

运行效果如图4-25所示。

```
这是FileWriter的一个示例
请按任意键继续. . .
```

图4-25　例4_13运行效果

③BufferedReader。Reader类的read()方法每次可以从数据源中读取一个字符，当遇到大数据量的输入操作时，程序效率会受到很大影响。而BufferedReader类在读取文本文件时，是将文件中的字符数据读入到缓冲区。在使用read()方法获取数据时，先从缓冲区中读取数据，如果缓冲区数据不足，才会再从文件中读取。

BufferedReader的构造方法和常用方法见表4-28和表4-29。

表4-28　BufferedReader的构造方法

名称	描述
BufferedReader (Reader in)	创建一个使用默认大小输入缓冲区的缓冲字符输入流
BufferedInputStream(Reader in, int size)	创建一个使用指定大小输入缓冲区的缓冲字符输入流

表4-29　BufferedReader的常用方法

名称	描述
int read() throws IOException	读取单个字符。返回值为字符的ASCII码，如果已到达流的末尾，则返回-1
int read(char[ ] cbuf) throws IOException	一次读取一个字节数组的字符，存放在cbuf，返回值为读取的字符数，如果已到达流的末尾，则返回 -1
void close() throws IOException	关闭该流并释放与之关联的所有资源
String readLine() throws IOException	读取一个文本行，如果已到达流末尾，则返回 null

【例4_14】　使用BufferedReader读取d:/a.txt内容。

```
import java.io.IOException;
import java.io.BufferedReader;
import java.io.FileReader;
public class Demo {
    public static void main(String[] args) throws Exception{
        //创建字符缓冲输入流对象
        BufferedReader br = new BufferedReader(new FileReader("d:/a.txt"));
        //读数据
        //一次读取一个字符数组
        char[] chs = new char[1024] ;
        int len = 0 ;
        while((len=br.read(chs))!=-1){
            System.out.println(new String(chs,0,len));
        }
```

```
        /*
        //每次读取一行数据,返回字符串类型数据
        String s="";
        while((s=br.readLine())!=null){
            System.out.println(s);
        }
        */
        //释放资源
        br.close();
    }
}
```

运行效果如图4-26所示。

```
我是缓冲输入流测试数据!
请按任意键继续. . .
```

图4-26　例4_14运行效果

5)字节流和字符流的区别

使用字节流,则所有的操作直接与终端有关系,而如果是字符流的话,则中间会加入一个缓冲区。那么在输出的时候如果使用的字符流没有关闭,则保存在缓冲区中的数据将无法输出,但是字节流没有此类限制,所以说如果要使用字符流的话不关闭就必须使用flush()方法强制刷新缓冲区。如果按照这种方式进行的话,肯定字节流要比字符流快一些,因为属于点到点的操作。

再者,字符流最强的功能是处理文字,但是在整个硬盘上所保存的全部内容都是字节数据,像图片、音乐等都属于字节性的数据,那么这个时候使用字节流会更加地方便。

因此,实际使用中,建议以字节流的操作为主。

字节流和字符流的几点使用原则:

- 不管是输入流还是输出流,使用完毕后要close(),如果是带有缓冲区的输出流,应在关闭前调用flush()。
- 应该尽可能使用缓冲区,来减少IO次数,以提高性能。
- 能用字符流处理的不用字节流。

代码示例

CopyDemo.java

```
import java.io.File;
import java.io.FileInputStream;
import java.io.FileOutputStream;
import java.io.InputStream;
```

```
import java.io.OutputStream;
public class CopyDemo{
    public static void main(String[] args){
        long start =System.currentTimeMillis();
        File inFile=new File("d:/1.png");//源文件
        File outFile=new File("e:/2.png");//目标文件
        //实现文件内容的拷贝
        InputStream input=null;
        OutputStream output=null;
        try {
            input=new FileInputStream(inFile);

            output=new FileOutputStream(outFile);
            //实现文件拷贝
            int temp=0;  //保存每次读取的内容
            while((temp=input.read())!=-1){ //每次读取单个字节
                output.write(temp); //输出单个字节
            }
            input.close();
            output.close();
        } catch (Exception e) {
            // TODO Auto-generated catch block
            e.printStackTrace();
        }
        long end =System.currentTimeMillis();
        System.out.println("拷贝所花费的时间:"+(end-start));
    }
}
```

典型工作环节3　实现功能

任务1　关键算法与技术实现

文件的打开和保存使用文件选择器：

```
final JFileChooser fileChooser = new JFileChooser();
```

打开文件定义方法:public void openFile()

保存文件定义方法:public void saveFile()

关闭程序是需要先判断文档内容发生变化。

```
// 文档内容发生变化事件
document.addDocumentListener(new DocumentListener() {
    public void insertUpdate(DocumentEvent e) {
        isSaved = false;
    }

    public void removeUpdate(DocumentEvent e) {
        isSaved = false;
    }

    public void changedUpdate(DocumentEvent e) {
        isSaved = false;
    }
});
```

任务2　项目代码示例

Notepad.java

```
import java.awt.Font;
import java.awt.Toolkit;
import java.awt.datatransfer.Clipboard;
import java.awt.event.ActionEvent;
import java.awt.event.ActionListener;
import java.awt.event.KeyEvent;
import java.awt.event.WindowAdapter;
import java.awt.event.WindowEvent;
import java.io.BufferedReader;
import java.io.FileNotFoundException;
import java.io.FileReader;
import java.io.FileWriter;
import java.io.IOException;
import javax.swing.ImageIcon;
import javax.swing.JButton;
```

```
import javax.swing.JFileChooser;
import javax.swing.JFrame;
import javax.swing.JLabel;
import javax.swing.JMenu;
import javax.swing.JMenuBar;
import javax.swing.JMenuItem;
import javax.swing.JOptionPane;
import javax.swing.JPanel;
import javax.swing.JScrollPane;
import javax.swing.JTextArea;
import javax.swing.JToolBar;
import javax.swing.ScrollPaneConstants;
import javax.swing.event.DocumentEvent;
import javax.swing.event.DocumentListener;
import javax.swing.text.Document;
public class Notepad extends JFrame {
    /**
    * 变量及常量定义部分
    */
    // 定义内容面板
    JPanel panel = (JPanel) getContentPane();

    // 定义文本区
    JTextArea txaNote = new JTextArea(20, 60);

    // 定义滚动面板
    JScrollPane scrollPane = new JScrollPane(txaNote,
        ScrollPaneConstants.VERTICAL_SCROLLBAR_AS_NEEDED,
        ScrollPaneConstants.HORIZONTAL_SCROLLBAR_NEVER);

    // 定义标签
    JLabel lblStatusbar = new JLabel("仿 windows 简易记事本");

    // 定义图标
    ImageIcon imgNew = new ImageIcon("new.jpg");
    ImageIcon imgOpen = new ImageIcon("open.jpg");
    ImageIcon imgSave = new ImageIcon("save.jpg");
```

```
//定义工具栏
JToolBar toolbar = new JToolBar();
JButton btnNew = new JButton(imgNew);
JButton btnOpen = new JButton(imgOpen);
JButton btnSave = new JButton(imgSave);

//定义菜单栏
JMenuBar mnbNote = new JMenuBar();

//定义文件菜单
JMenu mnuFile = new JMenu("文件(F)");
JMenuItem mniNew = new JMenuItem("新建");
JMenuItem mniOpen = new JMenuItem("打开");
JMenuItem mniSave = new JMenuItem("保存");
JMenuItem mniExit = new JMenuItem("退出");

//定义帮助菜单
JMenu mnuHelp = new JMenu("帮助(H)");
JMenuItem mniAbout = new JMenuItem("关于");

//定义文件选择器
final JFileChooser fileChooser = new JFileChooser();

//定义文件名
String strFileName;

//定义存放文件内容的字符串
String strFileContent;

//定义系统剪贴板
Clipboard clipBoard = Toolkit.getDefaultToolkit().getSystemClipboard();

//定义屏幕宽度和高度
int screenWidth = (int) Toolkit.getDefaultToolkit().getScreenSize()
        .getWidth();
int screenHeight = (int) Toolkit.getDefaultToolkit().getScreenSize()
    .getHeight();
```

```
//定义文件是否保存的标志变量
boolean isSaved = true;

//定义文档
Document document = txaNote.getDocument();

public static void main(String[] args) {
    new Notepad("记事本");
}

//构造方法
public Notepad(String string) {

    /**
    * 设计用户界面:在窗口里设置菜单,在内容面板里添加非菜单组件,并设置其属性
    */

    //调用父类构造方法,设置窗口标题
    super(string);

    //往内容面板里添加滚动面板
    panel.add(scrollPane);

    //往内容面板里添加标签
    panel.add(lblStatusbar, "South");

    //往内容面板里添加工具栏
    panel.add(toolbar, "North");
    toolbar.add(btnNew);
    toolbar.add(btnOpen);
    toolbar.add(btnSave);


    //在窗口里设置菜单栏
    setJMenuBar(mnbNote);

    //添加文件菜单
    mnbNote.add(mnuFile);
```

```
mnuFile.setMnemonic(KeyEvent.VK_F);
mnuFile.add(mniNew);
mnuFile.add(mniOpen);
mnuFile.add(mniSave);
mnuFile.addSeparator();
mnuFile.add(mniExit);

// 添加帮助菜单
mnbNote.add(mnuHelp);
mnuHelp.setMnemonic(KeyEvent.VK_H);
mnuHelp.add(mniAbout);


// 设置窗口属性
setSize(800, 600);
setLocation((screenWidth - getWidth()) / 2,
    (screenHeight - getHeight()) / 2); // 让窗口在屏幕居中

// 设置文本区属性
txaNote.setFont(new Font("黑体", Font.PLAIN, 30));
txaNote.setLineWrap(true);

// 设置窗口可见
setVisible(true);

/**
* 给组件注册监听器,并编写相应的事件处理程序
*/

// 窗口关闭事件
addWindowListener(new WindowAdapter() {
    public void windowClosing(WindowEvent e) {
        if (isSaved == false) {
            int choice = JOptionPane
                .showConfirmDialog(null, "文件已修改,您是否要保存文件? ", "记事本",
                    JOptionPane.YES_NO_OPTION);
            if (choice == JOptionPane.YES_OPTION) {
                saveFile(); // 保存文件
```

```
            } else
                System.exit(0); // 退出系统
        } else
            System.exit(0); // 退出系统
    }
});
// 文档内容发生变化事件
document.addDocumentListener(new DocumentListener() {
    public void insertUpdate(DocumentEvent e) {
        isSaved = false;
    }

    public void removeUpdate(DocumentEvent e) {
        isSaved = false;
    }

    public void changedUpdate(DocumentEvent e) {
        isSaved = false;
    }
});
// 新建菜单项单击事件
mniNew.addActionListener(new ActionListener() {
    public void actionPerformed(ActionEvent e) {
        strFileName = null;
        setTitle("记事本"); // 窗口标题栏复原
        txaNote.setText(""); // 清空文本区
    }
});

// 打开菜单项单击事件
mniOpen.addActionListener(new ActionListener() {
public void actionPerformed(ActionEvent e) {
        openFile(); // 打开文件
    }
});

// 保存菜单项单击事件
mniSave.addActionListener(new ActionListener() {
```

```
        public void actionPerformed(ActionEvent e) {
            saveFile(); // 保存文件
        }
    });

    // 退出菜单项单击事件
    mniExit.addActionListener(new ActionListener() {
        public void actionPerformed(ActionEvent e) {
            if (isSaved == false) {
                int choice = JOptionPane
                    .showConfirmDialog(null, "文件已修改,您是否要保存文件? ", "记事本",
                        JOptionPane.YES_NO_OPTION);
                if (choice == JOptionPane.YES_OPTION) {
                    saveFile(); // 保存文件
                } else
                    System.exit(0); // 退出系统
            } else
                System.exit(0); // 退出系统
        }
    });

    // 关于菜单单击事件
    mniAbout.addActionListener(new ActionListener() {
        public void actionPerformed(ActionEvent e) {
            JOptionPane
                .showMessageDialog(
                    null,
                    "仿 windows 简易记事本",
                    "记事本", JOptionPane.INFORMATION_MESSAGE);
        }
    });
    /*
    * 工具栏的按钮单击事件
    */
    // 新建按钮单击事件
    btnNew.addActionListener(new ActionListener() {
        public void actionPerformed(ActionEvent e) {
```

```
            strFileName = null;
            setTitle("记事本"); // 窗口标题栏复原
            txaNote.setText(""); // 清空文本区
        }
    });

    // 打开按钮单击事件
    btnOpen.addActionListener(new ActionListener() {
        public void actionPerformed(ActionEvent e) {
            openFile(); // 打开文件
        }
    });

    // 保存按钮单击事件
    btnSave.addActionListener(new ActionListener() {
            public void actionPerformed(ActionEvent e) {
                saveFile(); // 保存文件
            }
        });
    }

    // 保存文件
    public void saveFile() {
        if (getTitle().length() == 3) {// 新建文档
            int returnVal = fileChooser.showSaveDialog(Notepad.this);
            if (returnVal == JFileChooser.APPROVE_OPTION) {
                try {
                    strFileName = fileChooser.getSelectedFile()
                        .getAbsolutePath();
                    FileWriter fw = new FileWriter(strFileName);
                    fw.write(txaNote.getText());
                    // 窗口标题栏显示保存文件的路径及名称
                    setTitle("记事本 - " + strFileName);
                    fw.close();
                    isSaved = true; // 保存文件标志设置为真
                } catch (IOException e1) {
                    e1.printStackTrace();
```

```
                }
            } else {
                JOptionPane.showMessageDialog(null, "您单击了取消按钮。", "记事本",
                    JOptionPane.WARNING_MESSAGE);
            }
        } else {// 打开已有文档
            try {
                FileWriter fw = new FileWriter(strFileName);
                fw.write(txaNote.getText());
                fw.close();
                isSaved = true; // 保存文件标志设置为真
            } catch (IOException e1) {
                e1.printStackTrace();
            }
        }
    }

    // 打开文件
    public void openFile() {
        int returnVal = fileChooser.showOpenDialog(Notepad.this);
        if (returnVal == JFileChooser.APPROVE_OPTION) {
            strFileName = fileChooser.getSelectedFile().getAbsolutePath();
            try {
                BufferedReader br = new BufferedReader(new FileReader(
                    strFileName));
                strFileContent = "";
                String strNextLine; // 用于存放文本文件的一行内容
                while ((strNextLine = br.readLine()) != null) {
                    strFileContent = strFileContent + strNextLine + "\n";
                }
                // 把文件内容显示在文本区中
                txaNote.setText(strFileContent);
                // 窗口标题栏显示所打开的文件的路径及名称
                setTitle("记事本 - " + strFileName);
                br.close();
            } catch (FileNotFoundException e1) {
                e1.printStackTrace();
```

```
            } catch (IOException e1) {
                e1.printStackTrace();
            }
        } else {
            JOptionPane.showMessageDialog(null, "您单击了取消按钮。", "记事本",
                    JOptionPane.WARNING_MESSAGE);
        }
    }
}
```

典型工作环节4　测试项目

使用Eclipse软件，打开“仿windows记事本”项目文件，执行该程序，运行效果如图4-27所示。同时对所有菜单项进行测试执行，功能完整，程序运行状态良好。

图4-27　测试“仿windows记事本”项目结果

【知识拓展】

拓展1 字节流和字符流的转换

虽然Java支持字节流和字符流，但有时需要在字节流和字符流两者之间进行转换。InputStreamReader和OutputStreamWriter，这两个类是字节流和字符流之间相互转换的类。InputStreamReader负责把字节输入流转换为字符输入流，OutputStreamWriter负责把输出字节流转换为输出字符流。

InputStreamReader用于将字节输入流转换为字符输入流，是字节流通向字符流的桥梁，它使用指定的charset读取字节并将其解码为字符。它拥有一个InputStream类型的变量，并继承了Reader。InputStreamReader的构造方法见表4-30。

表4-30 InputStreamReader的构造方法

名称	描述
InputStreamReader(InputStream in)	根据默认字符集创建InputStreamReader对象
InputStreamReader(InputStream in, Charset cs)	使用给定字符集创建InputStreamReader对象
InputStreamReader (InputStream in, CharsetDecoder dec)	使用给定字符集解码器创建InputStream-Reader对象
InputStreamReader(InputStream in, String charsetName)	使用指定字符集创建InputStreamReader对象

InputStreamReader继承自Reader，因此该类的实例可以被各种输入字符流包装。为了达到最高效率，在BufferedReader内封装InputStreamReader。代码如下：

```
BufferedReader in= new BufferedReader(new InputStreamReader(System.in) );
```

【例4_15】 先创建了一个FileInputStream类的实例，然后转换为InputStreamReader对象is，最后使用BufferedReader进行包装，将字节流转换为带缓冲功能的字符流。

```
import java.io.IOException;
import java.io.FileInputStream;
import java.io.InputStreamReader;
import java.io.BufferedReader;
public class Demo {
    public static void main(String[] args){
        try{
            //创建输入流
            FileInputStream fis = new FileInputStream("D:/hello1.txt");
            InputStreamReader is = new InputStreamReader(fis);
            BufferedReader bis = new BufferedReader(is);
```

```
            //从输入流读取数据
            while (bis.ready()){
                int c = bis.read();
                System.out.print((char)c);
            }
            //关闭输入流
            bis.close();
            is.close();
            fis.close();
        } catch (IOException e) {
        }
    }
}
```

OutputStreamWriter用于将写入的字符编码成字节后写入一个字节流，是字符流通向字节流的桥梁，可使用指定的charset将要写入流中的字符编码成字节。因此，它拥有一个OutputStream类型的变量，并继承了Writer。OutputStreamReader的构造方法见表4-31。

表4-31　OutputStreamReader的构造方法

名称	描述
OutputStreamReader(OutputStream out)	根据默认字符集创建
OutputStreamReader(OutputStream out, Charset cs)	使用给定字符集创建
OutputStreamReader(OutputStream out, CharsetDecoder dec)	使用给定字符集解码器创建
OutputStreamReader(OutputStream out, Stroutg charsetName)	使用指定字符集创建

OutputStreamWriter继承自Writer，因此该类的实例可以被各种输出字符流包装。为了达到最高效率，在BufferedWriter内包装OutputStreamWriter，代码如下：

```
BufferedWriter out=new BufferedWriter(new OutputStreamWriter(System.out));
```

【例4_16】 先创建了一个FileOutputStream类的实例，然后转换为OutputStream Reader对象os，最后使用BufferedWriter进行包装，将字节流转换为带缓冲功能的字符流。

```
import java.io.IOException;
import java.io.FileOutputStream;
import java.io.OutputStreamWriter;
import java.io.BufferedWriter;
```

```
public class Demo{
    public static void main(String[] args){
        try{
            //创建输出流
            FileOutputStream fos = new FileOutputStream("D:/test.txt");
            OutputStreamWriter os = new OutputStreamWriter(fos);
            BufferedWriter bos = new BufferedWriter(os);

            //写入数组数据
            char[] buf = new char[3];
            buf[0] = 'a';
            buf[1] = 'b';
            buf[2] = '中';
            bos.write(buf);

            //关闭输出流
            bos.close();
            os.close();
            fos.close();
        } catch (IOException e) {
        }
    }
}
```

运行效果如图4-28所示。

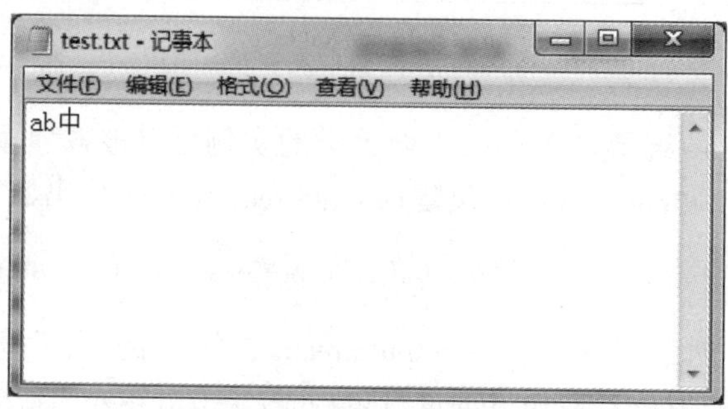

图4-28　例4_16运行效果

拓展2　随机文件访问类RandomAccessFile

现有如下的一个需求，向已存在10 G数据的txt文本里末尾追加一行文字，如果强制读取所有的数据并追加，会报内存溢出的异常。但如果使用JAVA IO体系中的

RandomAccessFile类来完成的话，可以实现零内存追加。其实这就是支持任意位置读写类的强大之处。

Java中的RandomAccessFile提供了对文件的随机读写功能。RandomAccessFile虽然属于java.io下的类，但它不是InputStream或者OutputStream的子类；它也不同于FileInputStream和FileOutputStream。FileInputStream只能对文件进行读操作，而FileOutputStream只能对文件进行写操作；但是，RandomAccessFile与输入流和输出流不同之处就是RandomAccessFile可以访问文件的任意地方同时支持文件的读和写，并且它支持随机访问。RandomAccessFile包含InputStream的3个read方法，也包含OutputStream的3个write方法。同时RandomAccessFile还包含一系列的readXxx和writeXxx方法完成输入输出，其中RandomAccessFile的构造方法见表4-32。

表4-32 RandomAccessFile的构造方法

名称	描述
RandomAccessFile(File file, String mode)	创建随机访问文件流，以从File参数指定的文件中读取，并可选择写入文件
RandomAccessFile(String name, String mode)	创建随机访问文件流，以从中指定名称的文件读取，并可选择写入文件

构造函数中mode参数传值介绍如下：

- r ——代表以只读方式打开指定文件。
- rw ——以读写方式打开指定文件。
- rws ——读写方式打开，并对内容或元数据都同步写入底层存储设备。
- rwd ——读写方式打开，对文件内容的更新同步更新至底层存储设备。

RandomAccessFile类对象读写文件内容的原理是将文件看做字节数组，并用文件指针指向当前位置。初始状态下，文件指针指向文件的开始位置，读取数据时，文件指针会自动移到读取过的数据后面，而且文件指针的位置也是可以随时改变的。RandomAccessFile类的两个重要移动方法见表4-33。

表4-33 RandomAccessFile类的两个重要方法

名称	描述
getFilePointer()	返回文件记录指针的当前位置
seek(long pos)	将文件记录指针定位到pos的位置

【例4_17】 使用RandomAccessFile读取文件。

```
import java.io.*;
public class Demo{
    public static void main(String [] args){
        try{
```

```
            String s = "\r\n 这是新添加的内容";
            File file = new File("d:/test.txt");
            //创建随机文件对象
            RandomAccessFile raf = new RandomAccessFile(file,"rw");
            //将文件读写指针定位到文件末尾
            raf.seek(raf.length());
            //将新的数据写入到文件末尾
            raf.write(s.getBytes());
            //关闭随机文件对象
            raf.close();
        }catch(Exception e){}
    }
}
```

运行效果如图4-29所示。

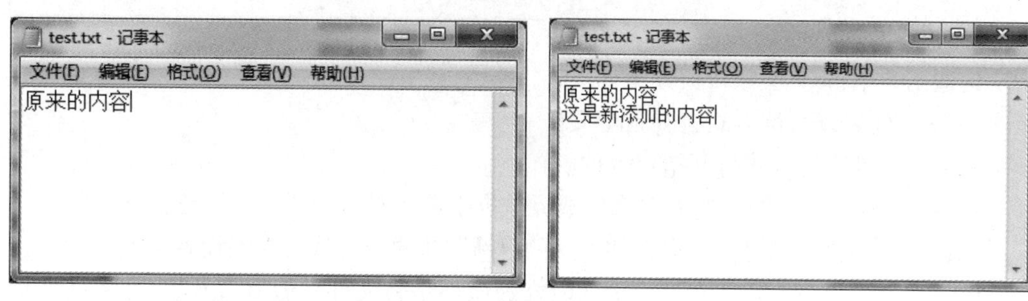

图4-29　例4_17运行效果

拓展3　对象序列化与反序列化

对象序列化的目的是将对象保存到磁盘上，或者允许在网络上传输对象。对象序列化机制就是把内存中的Java对象转换为与平台无关的字节流，从而允许把这种字节流持久保存在磁盘上，通过网络将这种字节流传送到另一台主机上。其他程序一旦获得这种字节流，就可以恢复原来的Java对象。

Java序列化比较简单，通常不需要编写保存和恢复对象状态的定制代码，通过实现java.io.Serializable接口的类对象就可以转换成字节流或者从字节流中恢复，不需要在类中增加任何代码。不过Serializable接口中并没有规范任何必须实现的方法，这里所谓实现的意义，其实像是为对象贴上一个标志，代表该对象是可序列化的。

在java.io包中，提供了类ObjectInputStream和ObjectOutputStream，这两个类是高层次的数据流，实现了读写对象的功能，它们包含反序列化和序列化对象的方法。在ObjectInputStream中用readObject()方法读取一个对象，在ObjectOutputStream中用writeObject(Object x)方法可以直接将对象保存到输出流中。

【例4_18】 首先创建一个可序列化的员工对象，并用ObjectOutputStream类把它存储在employee.ser中，然后再用ObjectInputStream类把存储的员工数据读取到一个员工对象，即恢复保存的对象。

Employee.java代码：

```
public class Employee implements java.io.Serializable{
  public String name;
  public String address;
  public int number;
}
```

序列化对象到文件(按照Java的标准约定是给文件一个.ser扩展名)。

SerializeDemo.java文件代码：

```
import java.io.*;
public class SerializeDemo{
  public static void main(String [] args)
  {
      Employee e = new Employee();
      e.name = "李明";
      e.address = "北京";
      e.number = 101;
      try{
          FileOutputStream fileOut =
          new FileOutputStream("d:/employee.ser");
          ObjectOutputStream out = new ObjectOutputStream(fileOut);
          out.writeObject(e);
          out.close();
          fileOut.close();
      }catch(IOException i) {
          i.printStackTrace();
      }
  }
}
```

反序列化对象。

【例4_19】 将下面的DeserializeDemo程序实例进行反序列化。其中d:/employee.ser存储了Employee对象。

DeserializeDemo.java文件代码：

```
import java.io.*;
public class DeserializeDemo{
   public static void main(String [] args)  {
      Employee e = null;
      try{
         FileInputStream fileIn = new FileInputStream("d:/employee.ser");
         ObjectInputStream in = new ObjectInputStream(fileIn);
         e = (Employee) in.readObject();
         in.close();
         fileIn.close();
      }catch(IOException i) {
         i.printStackTrace();
         return;
      }catch(ClassNotFoundException c) {
         System.out.println("Employee class not found");
         c.printStackTrace();
         return;
      }
      System.out.println("反序列化员工信息 ...");
      System.out.println("Name: " + e.name);
      System.out.println("Address: " + e.address);
      System.out.println("Number: " + e.number);
   }
}
```

运行效果如图4-30所示。

```
反序列化员工信息...
Name: 李明
Address: 北京
Number: 101
请按任意键继续. . .
```

图4-30　例4_19运行效果

项目五　开发简易秒表

【项目描述】

使用Java语言开发一个秒表程序，精确到毫秒，能控制秒表的开始、暂停和复位等功能，如图5-1所示。

图5-1　秒表界面演示效果

【典型工作环节】

典型工作环节1　分析任务

根据项目描述，该秒表程序的设计应该包含以下几个要点：

①能够显示的图形用户界面。

②能够准确计时。

③可以对秒表操作。

④有开始、暂停和复位功能。

典型工作环节2　收集资讯

资讯1　设计开发电子时钟

资讯描述

采用图形化界面，设计开发一个电子表的程序，时间随着系统时间同步更新，效果如图5-2所示。

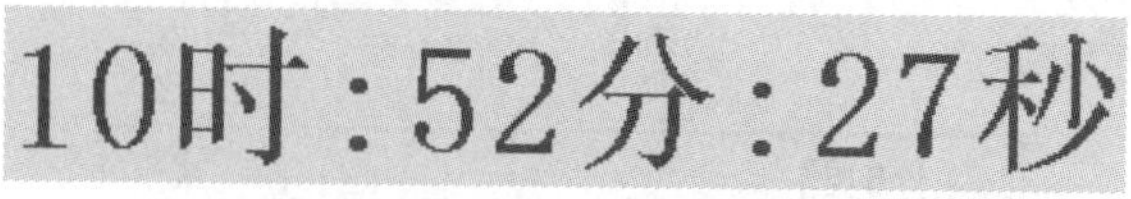

10时:52分:27秒

图5-2　电子表运行效果

资讯分析

①通过Java的GUI技术开发一个图形界面，用JLabel控件显示当前时间。

②创建一个线程，使线程代码永久执行。

③在线程代码中，设置每隔1 s将当前时间显示到JLabel控件中。

相关知识

(1)线程概念

1)线程与进程的关系

线程(Thread)是进程中的一个任务，一个进程至少包含一个线程，如果只包含一个线程，称为单线程程序；如果一个进程包含多个线程，则称为多线程程序。进程(Process)是指正在运行的程序，例如，打开Word就会启动一个进程。通过任务管理器可以查看进程，如图5-3所示，每一行就是一个进程，在“线程数”列中显示了每个进程包含的线程数。

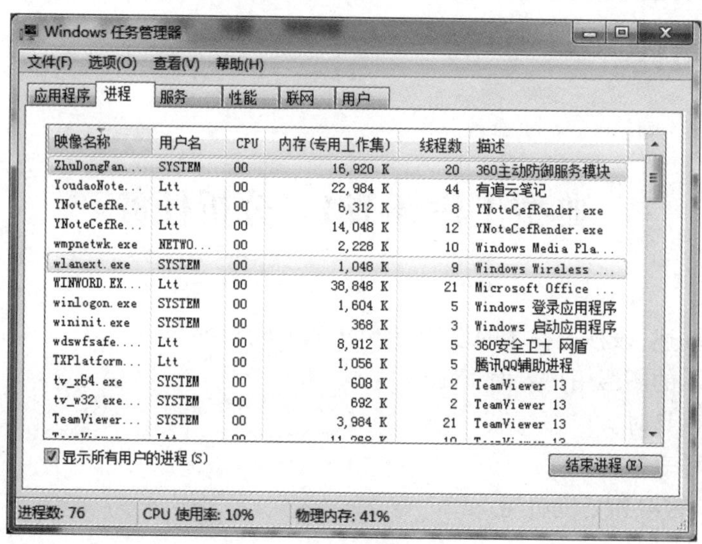

图5-3　任务管理器查看进程

为什么使用多线程呢？程序执行一般有两种方式：一种是顺序执行，另一种是并发执行。所谓顺序执行就是指程序中的程序段必须按照先后顺序来执行，也就是只有前面的程序段执行完了，后面的程序段才能执行。这种做法极大地浪费了CPU资源，比如系统中有一个程序在等待I/O输入，那么CPU除了等待就不能做任何事情了。为了提高CPU的使用效率、支持多任务操作，操作系统中引入了并发技术。所谓并发是指系统中的多个程序或程序段能够同时执行，这里的同时执行并不是指某一个时刻多段程序在同时执行（除非有多个CPU），而是CPU能把时间分给不同的程序段。比如前面等待I/O的例子，若采用并发技术，当一个程序在等待I/O时，系统可以把CPU资源分配给另外的程序，这样能减少CPU的空闲时间提高了资源利用率。

Java给多线程编程提供了内置的支持。多线程程序可以使一个进程中的多个任务同时执行，即多任务并行执行。一条线程指的是进程中一个单一顺序的控制流，一个进程中可以并发多个线程，每条线程并发执行不同的任务。多线程是多任务的一种特别的形式，但多线程使用了更小的资源开销。一个线程不能独立存在，它必须是进程的一部分。一个进程一直运行，直到所有的非守护线程都结束运行后才能结束。多线程能满足程序员编写高效率的程序来达到充分利用CPU的目的。

2)线程的生命周期

线程是一个动态执行的过程，它也有一个从产生到死亡的过程。

图5-4显示了一个线程完整的生命周期。

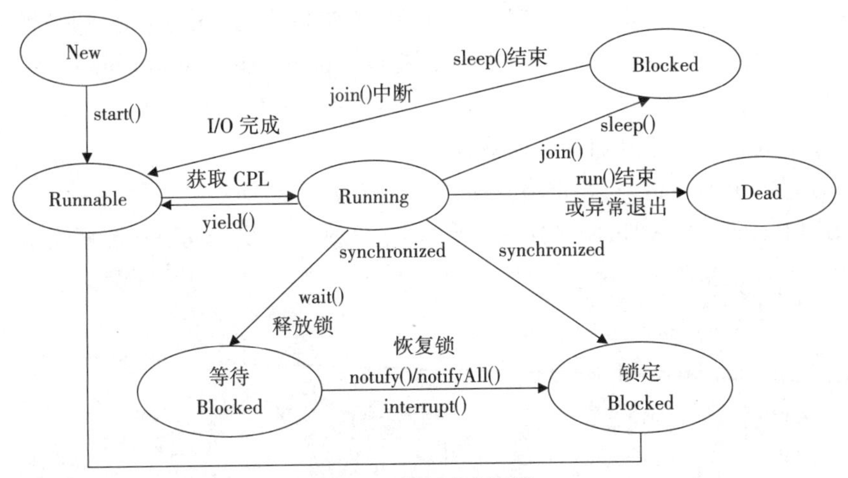

图5-4　线程生命周期

①New新建状态。使用new关键字和Thread类或其子类建立一个线程对象后，该线程对象就处于新建状态，它将保持这个状态直到程序start()这个线程。

②Runnable就绪状态。当线程对象调用了start()方法之后，该线程就进入就绪状态。就绪状态的线程处于就绪队列中，要等待JVM里的线程调度器的调度。

③Running运行状态。如果就绪状态的线程获取了CPU资源，就可以执行run()，此时线程便处于运行状态。处于运行状态的线程最为复杂，它可以变为阻塞状态、就绪状态和死亡状态。

④Blocked阻塞状态。如果一个线程执行了sleep(睡眠)、suspend(挂起)等方法，失去

所占用资源之后，该线程就从运行状态进入阻塞状态。在睡眠时间已到或获得设备资源后就可以重新进入就绪状态。可以分为3种：

• 等待阻塞：运行状态中的线程执行wait()方法，使线程进入到等待阻塞状态。

• 同步阻塞：线程在获取 synchronized 同步锁失败(因为同步锁被其他线程占用)。

• 其他阻塞：通过调用线程的sleep()或join()发出了I/O请求时，线程就会进入阻塞状态。当sleep()状态超时，join()等待线程终止或超时，或者I/O处理完毕，线程重新转入就绪状态。

⑤Dead死亡状态。一个运行状态的线程完成任务或者其他终止条件发生时，该线程就切换到终止状态。

(2)线程的创建与启动

在Java里面，线程是通过java.lang.Thread类来实现的，每一个Thread对象代表一个新的线程。

创建一个新线程出来有3种方法：第一个是从Thread类继承，第二个是实现接口Runnable，第三个是通过Callable和Future创建线程。

使用继承Thread类和实现Runnable接口这两种开辟新线程的方法，应该优先选择实现Runnable接口这种方式去开辟一个新的线程。因为接口的实现可以实现多个，而类的继承只能是单继承。因此在开辟新线程时，能够使用Runnable接口就尽量不要使用从Thread类继承的方式来开辟新的线程。

每个线程都是通过某个特定的Thread对象所对应的方法run()来完成其操作的，方法run()称为线程体。JVM启动时会有一个由主方法(public static void main())所定义的线程，这个线程称为主线程。

1)继承Thread类创建和启动新的线程

可以通过继承Thread类，并重写其run()方法创建和启动新的线程。

【例5_1】 通过继承Thead类定义一个线程，实现和主线程同时在屏幕输出信息。

```
public class Demo{
   public static void main(String args[]){
       MyThread t= new MyThread();
       t.start();//调用 start()方法启动新开辟的线程
       for(int i=0;i<5;i++){
           System.out.println("主线程:"+i);
       }
   }
}
/*
MyThread 类从 Thread 类继承
```

通过实例化MyThread类的一个对象就可以开辟一个新的线程。

调用从Thread类继承来的start()方法就可以启动新开辟的线程。

```
*/
class MyThread extends Thread{
    public void run(){//重写 run()方法的实现
        for(int i=0;i<5;i++){
            System.out.println("我的线程 :"+i);
        }
    }
}
```

运行效果如图5-5所示。

图5-5　例5_1运行效果

Thread类的一些重要方法见表5-1。

表5-1　Thread类的一些重要方法

名称	描述
public void start()	使该线程开始执行，Java虚拟机调用该线程的run方法
public void run()	如果该线程是使用独立的Runnable运行对象构造的，则调用该Runnable对象的run方法；否则，该方法不执行任何操作并返回。
public final void setName(String name)	改变线程名称，使其与参数name相同
public final void setPriority(int priority)	更改线程的优先级
public final void setDaemon(boolean on)	将该线程标记为守护线程或用户线程
public final void join(long millisec)	等待该线程终止的时间最长为millis毫秒
public void interrupt()	中断线程
public final boolean isAlive()	测试线程是否处于活动状态
public static void yield()	暂停当前正在执行的线程对象，并执行其他线程
public static void sleep(long millisec)	在指定的毫秒数内让当前正在执行的线程休眠(暂停执行)，此操作受到系统计时器和调度程序精度和准确性的影响

续表

名称	描述
public static boolean holdsLock (Object x)	当且仅当当前线程在指定的对象上保持监视器锁时,才返回 true
public static Thread currentThread()	返回对当前正在执行的线程对象的引用
public static void dumpStack()	将当前线程的堆栈跟踪打印至标准错误流

2)实现Runnable接口创建和启动新线程

创建一个线程,最简单的方法是创建一个实现Runnable接口的类。在实现Runnable接口时,需要实现run()方法,声明如下:

public void run()

可以重写该方法,重要的是理解run()可以调用其他方法,使用其他类,并声明变量,就像主线程一样。

在创建一个实现Runnable接口的类之后,可以在类中实例化一个线程对象。

Thread 定义了几个构造方法,下面的这个是经常使用的:

Thread(Runnable threadOb,String threadName);

这里,threadOb 是一个实现Runnable接口的类的实例,并且threadName指定新线程的名字。

新线程创建之后,需要调用它的start()方法,它才会运行。

```
void start();
```

【例5_2】 通过实现Runnable接口定义一个线程,实现和主线程同时在屏幕输出信息。

```
public class TestThread1{
    public static void main(String args[]){
        Runner1 r1 = new Runner1();
        //这里 new 了一个线程类的对象出来
        Thread t = new Thread(r1);//要启动一个新的线程就必须 new 一个 Thread 对象出来
        //这里使用的是 Thread(Runnable target) 这构造方法
        t.start();//启动新开辟的线程,新线程执行的是 run()方法,新线程与主线程会一起并行执行
        for(int i=0;i<10;i++){
            System.out.println("maintheod:"+i);
        }
    }
}
/*定义一个类用来实现 Runnable 接口,实现 Runnable 接口就表示这个类是一个线程类*/
class Runner1 implements Runnable{
    public void run(){
```

```
        for(int i=0;i<10;i++){
            System.out.println("Runner1:"+i);
        }
    }
}
```

运行效果如图5-6所示。

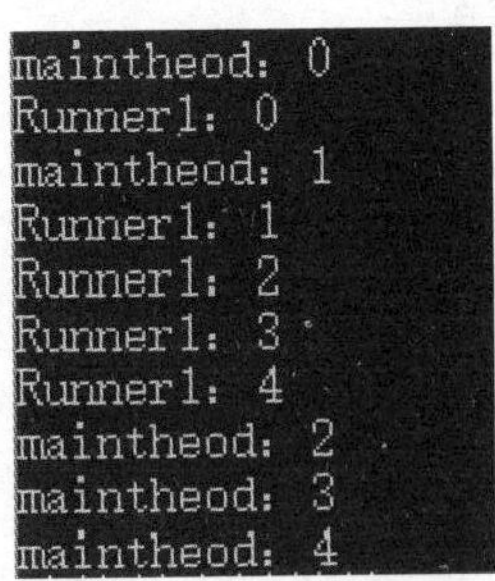

图5-6　例5_2运行效果

3)使用Callable和Future接口创建线程

Callable接口类似于Runnable,从名字就可以看出来了,但是Runnable不会返回结果,并且无法抛出返回结果的异常,而Callable功能更强大一些,被线程执行后,可以返回值,这个返回值可以被Future拿到,也就是说,Future可以拿到异步执行任务的返回值。

使用Callable和Future接口创建线程步骤如下:

①创建Callable接口的实现类,并实现call()方法,该call()方法将作为线程执行体,并且有返回值。

②创建Callable实现类的实例,使用FutureTask类来包装Callable对象,该FutureTask对象封装了该Callable对象的call()方法的返回值。

③使用FutureTask对象作为Thread对象的target创建并启动新线程。

④调用FutureTask对象的get()方法来获得子线程执行结束后的返回值。

【例5_3】 使用Callable和Future接口创建线程。

```
import java.util.concurrent.Callable;
import java.util.concurrent.ExecutionException;
import java.util.concurrent.FutureTask;
public class CallableThreadTest implements Callable<Integer> {
    public static void main(String[] args) {
        CallableThreadTest ctt = new CallableThreadTest();
        FutureTask<Integer> ft = new FutureTask<Integer>(ctt);
        for(int i = 0;i < 5;i++) {
            System.out.println(Thread.currentThread().getName()+" 的循环变量 i 的值"+i);
            if(i==2) {
                new Thread(ft,"有返回值的线程").start();
```

```
            }
        }
        try{
            System.out.println("子线程的返回值:"+ft.get());
        } catch (InterruptedException e) {
            e.printStackTrace();
        } catch (ExecutionException e) {
            e.printStackTrace();
        }
    }
    @Override
    public Integer call() throws Exception {
        int i = 0;
        for(;i<5;i++) {
            System.out.println(Thread.currentThread().getName()+" "+i);
        }
        return i;
    }
}
```

运行效果如图5-7所示。

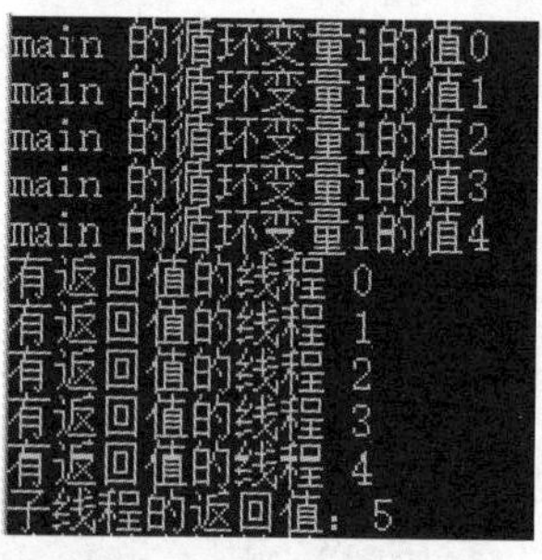

图5-7　例5_3运行效果

(3)线程的控制

Thread提供一些便捷的工具方法，通过这些便捷的工具方法可以很好地控制线程的执行。

1)线程的优先级

每个线程执行时都有一个优先级的属性，优先级高的线程可以获得较多的执行机会，而优先级低的线程则获得较少的执行机会。与线程休眠类似，线程的优先级仍然无法保障线程的执行次序。只不过，优先级高的线程获取CPU资源的概率较大，优先级低的也并非没机会执行。

每个线程默认的优先级都与创建它的父线程具有相同的优先级，在默认情况下，main

线程具有普通优先级。

Thread类提供了setPriority(int newPriority)和getPriority()方法来设置和返回一个指定线程的优先级,其中setPriority方法的参数是一个整数,范围是1~10,也可以使用Thread类提供的3个静态常量:

MAX_PRIORITY =10

MIN_PRIORITY =1

NORM_PRIORITY =5

【例5_4】 指定线程优先级。

```
public class Test {
    public static void main(String[] args) throws InterruptedException {
        new MyThread("高级", 10).start();
        new MyThread("低级", 1).start();
    }
}
class MyThread extends Thread {
    public MyThread(String name,int pro) {
        super(name);//设置线程的名称
        setPriority(pro);//设置线程的优先级
    }
    @Override
    public void run() {
        for (int i = 0; i < 5; i++) {
            System.out.println(this.getName() + "线程第" + i + "次执行！");
        }
    }
}
```

运行效果如图5-8所示。

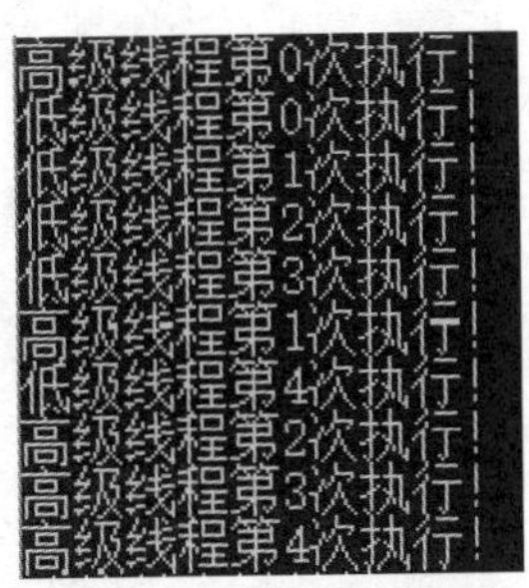

图5-8 例5_4运行效果

从结果可以看到，一般情况下,高级线程更显执行完毕。

注意:虽然Java提供了10个优先级别,但这些优先级别需要操作系统的支持。不同的操作系统的优先级并不相同，而且也不能很好地和Java的10个优先级别对应。所以我们应该使用MAX_PRIORITY、MIN_PRIORITY和NORM_PRIORITY 3个静态常量来设定优先级，这样才能保证程序最好的可移植性。

2）线程合并join

Thread提供了让一个线程等待另一个线程完成的方法——join()方法。当在某个程序执行流中调用其他线程的join()方法时，调用线程将被阻塞，直到被join()方法加入join线程执行完为止。

join()方法通常由使用线程的程序调用，以将问题划分为许多小问题，每个小问题分配一个线程。当所有的小问题都得到处理之后，再调用主线程进行进一步操作。

【例5_5】 join()方法示例。

```
public class Demo extends Thread{
    //提供一个有参数的构造器，用于设置该线程的名字
    public Demo(String name){
        super(name);
    }
    //重写 run()方法，定义线程执行体
    public void run(){
        for(int i = 0 ;i < 5;i++){
            System.out.println(getName() + " " + i);
        }
    }
    public static void main(String[] args) throws InterruptedException {
        //启动子线程
        new Demo("新线程").start();
        for(int i = 0 ;i < 5;i++){
            if(i == 2){
                Demo jt = new Demo("被 Join 的线程");
                jt.start();
                //main 线程调用了 jt 线程的 join()方法
                //main 线程必须等 jt 线程执行结束才会向下执行
                jt.join();
            }
            System.out.println(Thread.currentThread().getName() + " " + i);
        }
    }
}
```

运行效果如图5-9所示。

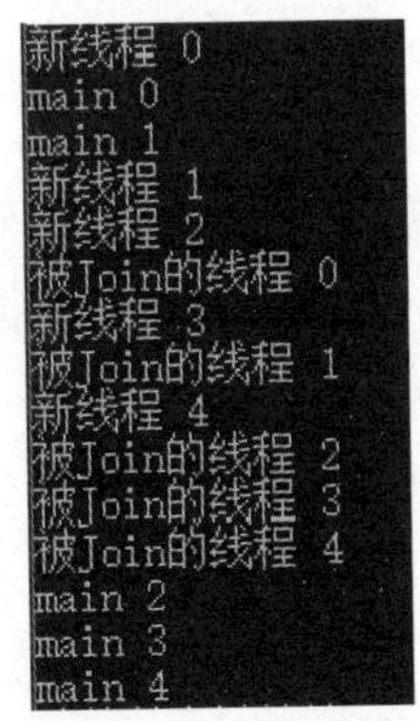

图5-9　例5_5运行效果

主程序一共有3个线程，主方法开始时就启动了名为“新线程”的子线程，该子线程将会和main线程并发执行。当主线程的循环变量i等于2时，启动了名为“被join的线程”的线程，该线程不会和main线程并发执行，main线程必须等该线程执行结束后才可以向下执行。

3)线程睡眠sleep

如果需要让当前正在执行的线程暂停一段时间，并进入阻塞状态，则可以通过调用sleep()方法来实现。sleep()方法有两种重载形式。

①static void sleep(long millis)：让当前线程暂停millis毫秒，并进入阻塞状态。该方法受到系统计时器和线程调度器的影响。

②static void sleep(long millis , int nanos)：让当前正在执行的线程暂停millis毫秒加上nanos纳秒，并进入阻塞状态。该方法受到系统计时器和线程调度器的影响。

当前调用sleep()方法进入阻塞状态后，在其睡眠时间段内，该线程不会获得执行的机会，即使系统中没有其他可执行的线程，处于sleep()中的线程也不会执行，因此sleep()方法常用来暂停程序的执行。

【例5_6】　使主线程每休眠100毫秒，然后再打印出数字。

```
public class Demo {
    public static void main(String[] args) throws InterruptedException {
        for(int i=0;i<5;i++){
            System.out.println("main"+i);
            Thread.sleep(100);
        }
    }
}
```

运行时可以明显看到打印的数字在时间上有些许的间隔。

注意如下两点问题。

①sleep是静态方法，最好不要用Thread的实例对象调用它，因为它睡眠的始终是当前正在运行的线程，而不是调用它的线程对象，它只对正在运行状态的线程对象有效。

【例5_7】 程序对线程对象myThread调用sleep()方法，并不能实现对线程MyThread运行的阻塞，只能对当前正在运行的main主线程有效。

```
public class Test1 {
    public static void main(String[] args) throws InterruptedException {
        System.out.println(Thread.currentThread().getName());
        MyThread myThread=new MyThread();
        myThread.start();
        myThread.sleep(1000);//这里 sleep 的就是 main 线程，而非 myThread 线程
        Thread.sleep(10);
        for(int i=0;i<100;i++){
            System.out.println("main"+i);
        }
    }
}
class MyThread extends Thread {
    public void run() {
        for (int i = 0; i < 3; i++) {
            System.out.println(this.getName()+"线程" + i + "次执行！");

        }
    }
}
```

②Java线程调度是Java多线程的核心，只有良好的调度，才能充分发挥系统的性能，提高程序的执行效率。但是不管程序员怎么编写调度，只能最大限度地影响线程执行的次序，而不能做到精准控制。因为使用sleep方法之后，线程是进入阻塞状态的，只有当睡眠的时间结束，才会重新进入就绪状态，而就绪状态进入到运行状态，是由系统控制的，人们不可能精准地去干涉它，所以如果调用Thread.sleep(1000)使得线程睡眠1秒，可能结果会大于1秒。

【例5_8】 多次运行下面程序，仔细分析运行结果。

```
public class Test{
    public static void main(String[] args) throws InterruptedException {
        new MyThread().start();
        new MyThread().start();
    }
}
class MyThread extends Thread {
```

```
    public void run() {
        for (int i = 0; i < 3; i++) {
            System.out.println(this.getName()+"线程" + i + "次执行！");
            try {
                Thread.sleep(50);
            } catch (InterruptedException e) {
                e.printStackTrace();
            }
        }
    }
}
```

看某一次的运行效果如图5-10所示。

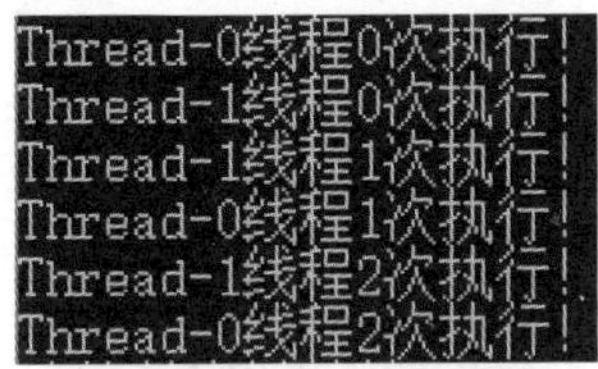

图5-10　例5_8运行效果

可以看到，线程0首先执行，然后线程1执行一次，接着又执行一次。可以看到它并不是按照sleep的顺序执行的。

4)线程让步yield

yield()方法是一个和sleep()方法有点相似的方法，它也是Thread类提供的一个静态方法，它也可以让当前正在执行的线程暂停，但它不会阻塞该进程，它只是将该线程转入就绪状态。

yield()只是让当前线程暂停一下，让系统的线程调度器重新调度一次，完全可能的情况是：当某个线程调用了yield()方法暂停之后，线程调度器又将其调度出来重新执行。

实际上，当某个线程调用了yield()方法暂停之后，只有优先级与当前线程相同，或者优先级比当前线程更高的处于就绪状态的线程才会获得执行的机会。

【例5_9】　yield()方法示例。

```
public class Test{
    public static void main(String[] args) throws InterruptedException {
        new MyThread("低级", 1).start();
        new MyThread("中级", 5).start();
        new MyThread("高级", 10).start();
    }
}
class MyThread extends Thread {
```

```
    public MyThread(String name, int pro) {
        super(name);// 设置线程的名称
        this.setPriority(pro);// 设置优先级
    }
    @Override
    public void run() {
        for (int i = 0; i < 5; i++) {
            System.out.println(this.getName() + "线程第" + i + "次执行！");
            if (i % 2 == 0)
                Thread.yield();
        }
    }
}
```

某一次运行效果如图5-11所示。

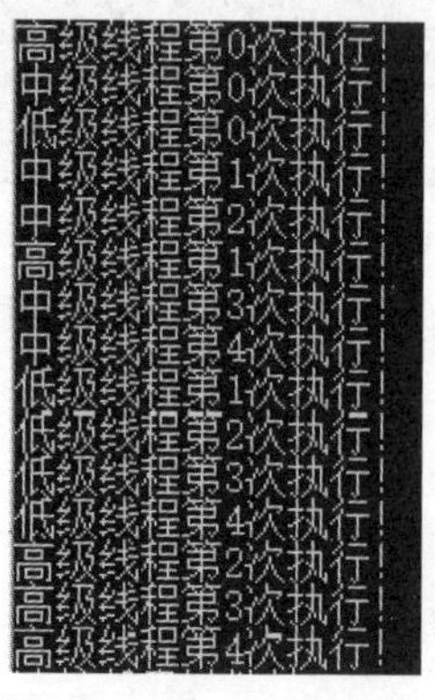

图5-11　例5_9运行效果

sleep()方法和yield()方法的区别如下：

①sleep()方法暂停当前线程后，会给其他线程执行机会，不会理会其他线程的优先级；但yield()方法只会给优先级相同，或优先级更高的线程执行机会。

②sleep()方法会将线程转入阻塞状态，直到经过阻塞时间才会转入就绪状态；而yield()不会将线程转入到阻塞状态，它只是强制当前线程进入就绪状态。因此完全有可能某个线程调用yield()方法暂停之后，立即再次获得处理器资源被执行。

③因为sleep()方法声明抛出了InterruptedException异常，所以调用sleep()方法时，要么捕捉该异常，要么显式声明抛出该异常。而yield()方法则没有声明抛出任何异常。

④sleep()方法比yield()方法有更好的可移植性，通常不建议使用yield()方法来控制并发线程的执行。

5)结束线程

Thread类中提供了一些停止线程的方法，如：Thread.stop()、Thread.suspend()、Thread.resume()、Runtime.runFinalizersOnExit()，不过这些终止线程运行的方法已经被废弃了，使

用它们是极端不安全的！想要安全有效地结束一个线程，可以使用下面的方法。

①正常执行完run方法，则线程自然结束。

②运用控制循环条件和判断条件的标识符来结束掉线程。

【例5_10】 根据条件判断结束run方法。

```
class MyThread extends Thread {
   int i=0;
   public void run() {
       while (true) {
           if(i==10)
               break;
           i++;
           System.out.println(i);

       }
   }
}
或者
class MyThread extends Thread {
   int i=0;
   boolean next=true;
   public void run() {
       while (next) {
           if(i==10)
               next=false;
           i++;
           System.out.println(i);
       }
   }
}
或者
class MyThread extends Thread {
   int i=0;
   public void run() {
       while (true) {
           if(i==10)
               return;
           i++;
```

```
            System.out.println(i);
        }
    }
}
```

只要保证在一定的情况下，run方法能够执行完毕即可，而不是while(true)的无限循环。

代码示例

ClockDemo.java

```
import java.awt.Color;
import java.awt.Font;
import java.awt.event.MouseAdapter;
import java.awt.event.MouseEvent;
import java.text.SimpleDateFormat;
import java.util.Date;
import javax.swing.JFrame;
import javax.swing.JLabel;
public class ClockDemo extends JFrame{
    JLabel jlbClock = null;
    public ClockDemo() {
        this.jlbClock = new JLabel(getDate());
        this.jlbClock.setFont(new Font("宋体",Font.BOLD,50));
        this.jlbClock.setForeground(Color.RED);
        this.add(this.jlbClock);
        //双击关闭程序
        this.addMouseListener(new MouseAdapter() {
            @Override
            public void mouseClicked(MouseEvent e) {
                // TODO Auto-generated method stub
                if(e.getClickCount()==2) {
                    System.exit(0);
                }
            }
        });
        new Thread(new Runnable() {
            @Override
```

```
                public void run() {
                    // TODO Auto-generated method stub
                    while(true) {
                        try {
                            Thread.sleep(1000);
                        } catch (InterruptedException e) {
                            // TODO Auto-generated catch block
                            e.printStackTrace();
                        }
                        jlbClock.setText(getDate());
                    }
                }
            }).start();
            this.setUndecorated(true);//设置窗体无边框
            this.pack();
            this.setLocationRelativeTo(null);//设置窗体居中显示
            this.setVisible(true);
        }
        private String getDate() {
            // TODO Auto-generated method stub
            SimpleDateFormat df = new SimpleDateFormat("hh 时:mm 分:ss 秒");
            return df.format(new Date());
        }
        public static void main(String[] args) {
            // TODO Auto-generated method stub
            new ClockDemo();
        }
    }
```

资讯2 设计模拟售票系统

资讯描述

使用Java语言设计开发一个模拟多人的售票系统，模拟共有10张车票，4个售票员同时在4个窗口售票，输出每个人卖票的信息。运行效果参考如下，多次模拟运行，每次卖票情况随机变化，如图5-12所示。

王五卖：10	王五卖：10	赵六卖：10	赵六卖：10
张三卖：9	李四卖：9	张三卖：9	王五卖：9
李四卖：8	张三卖：8	王五卖：8	李四卖：8
赵六卖：7	赵六卖：7	李四卖：7	张三卖：7
赵六卖：6	赵六卖：6	赵六卖：6	张三卖：6
李四卖：5	李四卖：5	李四卖：5	王五卖：5
王五卖：4	王五卖：4	张三卖：4	赵六卖：4
张三卖：3	张三卖：3	王五卖：3	李四卖：3
王五卖：2	赵六卖：2	王五卖：2	王五卖：2
张三卖：1	李四卖：1	赵六卖：1	赵六卖：1

图5-12　多人售票系统运行效果

资讯分析

根据任务描述，需要考虑以下几个方面的问题。

①创建一个实现Runnable接口的类，在这个类中设置一个int型的参数，模拟需要销售的火车票。

②通过创建4个线程，模拟4个售票窗口，对这个类的车票属性进行减操作。

③引入synchronized同步机制。

相关知识

在多线程编程当中，对于共享变量的控制非常重要，平常的程序当中由于是单线程去处理的，因此不会出现变量资源同时被多个线程同时访问修改，程序的运行是顺序的。然而多线程的环境中就会出现资源同时被多个线程获取，同时去做修改的状况，因此加入同步锁以避免在该线程没有完成操作之前，被其他线程的调用，从而保证了该变量的唯一性和准确性。

关于线程的同步，可以使用synchronized关键字，或者是使用java.util.concurrent.lock包中的Lock对象。这里简单讨论一下synchronized关键字的使用。

synchronized关键字可以修饰方法，可以修饰代码块，但不能修饰构造器、属性等。

常用的线程同步方式：

1)同步方法，使用synchronized关键字修饰方法

由于Java的每个对象都有一个内置锁，当用此关键字修饰方法时，内置锁会保护整个方法。在调用该方法前，需要获得内置锁，否则就处于阻塞状态。

代码如下：

```
public synchronized void save(){}
```

注：synchronized关键字也可以修饰静态方法，此时如果调用该静态方法，将会锁住整个类。

2)同步代码块，使用synchronized关键字修饰的语句块

被该关键字修饰的语句块会自动被加上内置锁，从而实现同步。

代码如下：

```
synchronized(object){ }
```

注：同步是一种高开销的操作，因此应该尽量减少同步的内容。通常没有必要同步整个方法，使用synchronized代码块同步关键代码即可。

【例5_11】 设计程序实现账户管理，不考虑线程同步问题。

```
public class Test {
    class Bank{
        private int account = 100;
        public int getAccount(){
            return account;
        }
        //存钱操作
        public void save(int money){
            System.out.println("save 操作开始：原来账户余额为:" +account);
            account += money;
            System.out.println("save 操作完成：现在账户余额为:" +account);
        }
        //取钱操作
        public void draw(int money){
            System.out.println("draw 操作开始：原来账户余额为:" +account);
            account -= money;
            System.out.println("draw 操作完成：现在账户余额为:" +account);
        }
        //用同步代码块实现
        public void save1(int money){
            synchronized (this){
                account += money;
            }
        }
    }
    class NewThread1 implements Runnable{
        private Bank bank;
        public NewThread1(Bank bank){
            this.bank = bank;
        }
            public void run(){
            for (int i = 0; i < 3; i++){
                // bank.save1(10);
                bank.save(10);
                try{
                    Thread.sleep(1000);
                } catch(Exception e){
                    System.out.println(e.getMessage());
```

```
                }
            }
        }
    }
    class NewThread2 implements Runnable{
        private Bank bank;
        public NewThread2(Bank bank){
            this.bank = bank;
        }
        public void run(){
            for (int i = 0; i < 3; i++){
                // bank.save1(10);
                bank.draw(10);
                try{
                    Thread.sleep(1000);
                } catch(Exception e){
                    System.out.println(e.getMessage());
                }
            }
        }
    }
    /**
     * 建立线程,调用内部类
     */
    public void useThread(){
        Bank bank = new Bank();
        NewThread1 new_thread1 = new NewThread1(bank);
        NewThread2 new_thread2 = new NewThread2(bank);
        Thread thread1 = new Thread(new_thread1);
        thread1.start();
        Thread thread2 = new Thread(new_thread2);
        thread2.start();
    }
    public static void main(String[] args){
        Test st = new Test();
        st.useThread();
    }
}
```

运行效果如图5-13所示。

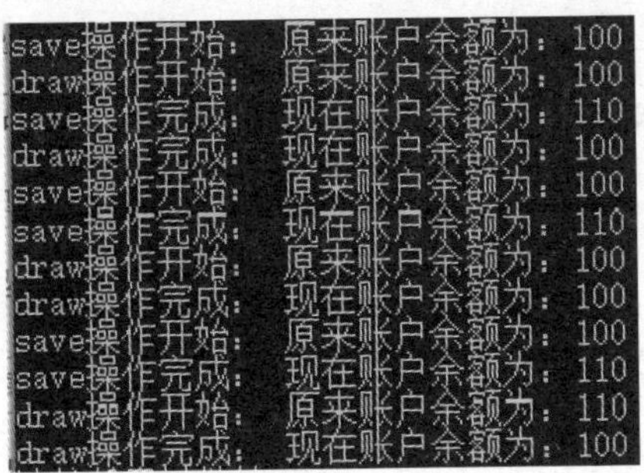

```
save操作开始: 原来账户余额为: 100
draw操作开始: 原来账户余额为: 100
save操作完成: 现在账户余额为: 110
draw操作完成: 现在账户余额为: 100
save操作开始: 原来账户余额为: 100
save操作完成: 现在账户余额为: 110
draw操作开始: 原来账户余额为: 100
draw操作完成: 现在账户余额为: 100
save操作开始: 原来账户余额为: 100
save操作完成: 现在账户余额为: 110
draw操作开始: 原来账户余额为: 110
draw操作完成: 现在账户余额为: 100
```

图5-13 例5_11运行效果

程序模拟了3次存钱取钱过程,由运行结果不难看出,在存钱过程中,业务没有完成就被取钱线程取代,导致存钱时账户余额100,存钱结束,账户余额仍为100,账户余额不准确。

为了避免存钱或取钱方法在执行过程中被其他线程切换,导致多个线程同时修改共享变量account,在save和draw方法前使用synchronized关键字,程序修改如下。

【例5_12】 synchronized实现线程同步。

```
public class Test {
    class Bank {
        private int account = 100;
        public int getAccount() {
            return account;
        }
        //用同步方法实现
        public synchronized void save(int money) {
            System.out.println("save 操作开始: 原来账户余额为:" +account);
            account += money;
            System.out.println("save 操作完成: 现在账户余额为:" +account);
        }
        //用同步方法实现
        public synchronized void draw(int money){
            System.out.println("draw 操作开始: 原来账户余额为:" +account);
            account -= money;
            System.out.println("draw 操作完成: 现在账户余额为:" +account);
        }
        //用同步代码块实现
        public void save1(int money) {
            synchronized (this) {
                account += money;
            }
```

```
        }
    }
    class NewThread1 implements Runnable {
        private Bank bank;

        public NewThread1(Bank bank) {
            this.bank = bank;
        }
        public void run() {
            for (int i = 0; i < 3; i++) {
                // bank.save1(10);
                bank.save(10);
                try{
                    Thread.sleep(1000);
                } catch(Exception e){
                    System.out.println(e.getMessage());
                }
            }
        }
    }
    class NewThread2 implements Runnable{
        private Bank bank;
        public NewThread2(Bank bank) {
            this.bank = bank;
        }
        public void run() {
            for (int i = 0; i < 3; i++) {
                // bank.save1(10);
                bank.draw(10);
                try{
                    Thread.sleep(1000);
                } catch(Exception e){
                    System.out.println(e.getMessage());
                }
            }

        }
    }
```

```
    /**
    * 建立线程,调用内部类
    */
    public void useThread() {
        Bank bank = new Bank();
        NewThread1 new_thread1 = new NewThread1(bank);
        NewThread2 new_thread2 = new NewThread2(bank);
        Thread thread1 = new Thread(new_thread1);
        thread1.start();
        Thread thread2 = new Thread(new_thread2);
        thread2.start();
    }
    public static void main(String[] args) {
        Test st = new Test();
        st.useThread();
    }

}
```

某一时刻运行效果如图5-14所示。

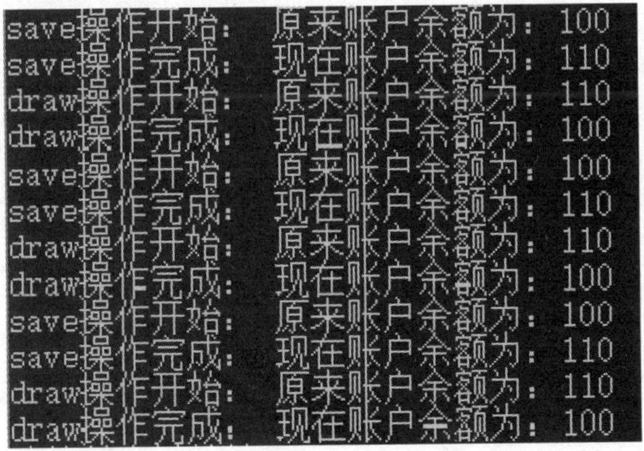

图5-14　例5_12运行效果

代码示例

```
public class TicketDemo implements Runnable{
    private int ticket = 10; //假定共 10 张票
    @Override
    public void run() {
        // TODO Auto-generated method stub
```

```
            while(true) {
                try {
                    Thread.sleep(1000);//模拟线路阻塞
                } catch (InterruptedException e) {
                    // TODO Auto-generated catch block
                    e.printStackTrace();
                }
                synchronized (this) {//引入同步方法,保证线程安全
                    if(this.ticket<1) {
                        break;//票卖完了,退出循环结束线程
                    }
                    System.out.println(Thread.currentThread().getName()+"卖:"+this.ticket);
                    this.ticket--;
                }
            }
        }
        public static void main(String[] args) {
            // TODO Auto-generated method stub
            TicketDemo td = new TicketDemo();
            new Thread(td,"张三").start();
            new Thread(td,"李四").start();
            new Thread(td,"王五").start();
            new Thread(td,"赵六").start();
        }
    }
```

典型工作环节3　实现功能

任务1　关键算法与技术实现

该项目在显示时间时,使用一个独立线程完成时间的展示,通过定义时间格式方法,对毫秒进行计算,得出界面上需要的时间格式。

```
// 将毫秒数格式化
    private String format(long elapsed) {
```

```
        int hour, minute, second, milli;
        milli = (int) (elapsed % 1000);
        elapsed = elapsed / 1000;
        second = (int) (elapsed % 60);
        elapsed = elapsed / 60;
        minute = (int) (elapsed % 60);
        elapsed = elapsed / 60;
        hour = (int) (elapsed % 60);
        return String.format("%02d:%02d:%02d %03d", hour, minute, second, milli);
    }
```

任务2　项目代码示例

TimerDemo.java

```
import javax.swing.*;
import java.awt.HeadlessException;
import java.awt.BorderLayout;
import java.awt.FlowLayout;
import java.awt.Font;
import java.awt.event.ActionListener;
import java.awt.event.ActionEvent;

/**
 * 计时器
 */
public class TimerDemo extends JFrame {
    private static final long serialVersionUID = 1L;
    private static final String INITIAL_LABEL_TEXT = "00:00:00 000";
    // 计数线程
    private CountingThread thread = new CountingThread();
    // 记录程序开始时间
    private long programStart = System.currentTimeMillis();
    // 程序一开始就是暂停的
    private long pauseStart = programStart;
    // 程序暂停的总时间
    private long pauseCount = 0;
    private JLabel label = new JLabel(INITIAL_LABEL_TEXT);
```

```
private JButton startPauseButton = new JButton("开始");
private JButton resetButton = new JButton("复位");
private ActionListener startPauseButtonListener = new ActionListener() {
    public void actionPerformed(ActionEvent e) {
        if (thread.stopped) {
            pauseCount += (System.currentTimeMillis() - pauseStart);
            thread.stopped = false;
            startPauseButton.setText("暂停");
        } else {
            pauseStart = System.currentTimeMillis();
            thread.stopped = true;
            startPauseButton.setText("继续");
        }
    }
};
private ActionListener resetButtonListener = new ActionListener() {
    public void actionPerformed(ActionEvent e) {
        pauseStart = programStart;
        pauseCount = 0;
        thread.stopped = true;
        label.setText(INITIAL_LABEL_TEXT);
        startPauseButton.setText("开始");
    }
};
public TimerDemo(String title) throws HeadlessException {
    super(title);
    setDefaultCloseOperation(EXIT_ON_CLOSE);
    setLocation(300, 300);
    setResizable(false);
    setupBorder();
    setupLabel();
    setupButtonsPanel();
    startPauseButton.addActionListener(startPauseButtonListener);
    resetButton.addActionListener(resetButtonListener);
    thread.start(); // 计数线程一直就运行着
}
// 为窗体面板添加边框
```

```
private void setupBorder() {
    JPanel contentPane = new JPanel(new BorderLayout());
    contentPane.setBorder(BorderFactory.createEmptyBorder(5, 5, 5, 5));
    this.setContentPane(contentPane);
}
// 配置按钮
private void setupButtonsPanel() {
    JPanel panel = new JPanel(new FlowLayout());
    panel.add(startPauseButton);
    panel.add(resetButton);
    add(panel, BorderLayout.SOUTH);
}
// 配置标签
private void setupLabel() {
    label.setHorizontalAlignment(SwingConstants.CENTER);
    label.setFont(new Font(label.getFont().getName(), label.getFont().getStyle(), 40));
    this.add(label, BorderLayout.CENTER);
}
// 程序入口
public static void main(String[] args) {
    TimerDemo frame = new TimerDemo("计时器");
    frame.pack();
    frame.setVisible(true);
}
private class CountingThread extends Thread {
    public boolean stopped = true;
    private CountingThread() {
        setDaemon(true);
    }
    @Override
    public void run() {
        while (true) {
            if (!stopped) {
                long elapsed = System.currentTimeMillis() - programStart - pauseCount;
                label.setText(format(elapsed));
            }
            try {
```

```
                sleep(1); // 1 毫秒更新一次显示
            } catch (InterruptedException e) {
                e.printStackTrace();
                System.exit(1);
            }
        }
    }
    // 将毫秒数格式化
    private String format(long elapsed) {
        int hour, minute, second, milli;
        milli = (int) (elapsed % 1000);
        elapsed = elapsed / 1000;
        second = (int) (elapsed % 60);
        elapsed = elapsed / 60;
        minute = (int) (elapsed % 60);
        elapsed = elapsed / 60;
        hour = (int) (elapsed % 60);
        return String.format("%02d:%02d:%02d %03d", hour, minute, second, milli);
    }
  }
}
```

典型工作环节4　测试项目

打开"简易秒表"项目文件，运行该程序，开始、暂停、继续和复位按钮功能正常，程序运行正确且稳定，如图5-15所示。

图5-15　测试"简易秒表"项目结果

【知识拓展】

拓展1　创建线程的三种方式的对比

①采用实现Runnable、Callable接口的方式创建多线程时，线程类只是实现了Runnable接口或Callable接口，还可以继承其他类。

②使用继承Thread类的方式创建多线程时，编写简单，如果需要访问当前线程，则无须使用Thread.currentThread()方法，直接使用this即可获得当前线程。

拓展2　后台线程

有一种线程，它是在后台运行的，它的任务是为其他线程提供服务，这种线程被称为"后台线程(Demon Thread)"，又称为"守护线程"或"精灵线程"。JVM的垃圾回收线程就是典型的后台线程。

后台线程有个特征：如果所有的前台线程都死亡，后台线程会自动死亡。

调用Thread对象的setDaemon(true)方法可将指定线程设置成后台线程。下面程序将执行线程设置成后台线程，可以看到当所有前台线程死亡时，后台线程随之死亡。当整个虚拟机中只剩下后台线程时，程序就没有运行的必要了，所以虚拟机就退出了。

【例5_13】　守护线程示例。

```
public class Demo extends Thread{
    public Demo(String name){
        super(name);
    }
    public void run(){
        for(int i = 0;i < 100;i++)
        {
            System.out.println(getName() + " " + i );
        }
    }
    public static void main(String[] args) {
        Demo dt = new Demo("守护线程");
        //将此线程设置成后台线程
        dt.setDaemon(true);
        //启动后台线程
        dt.start();
        for(int i = 0;i < 5;i++){
            System.out.println(Thread.currentThread().getName()+ " " + i);
        }
        //程序执行到此数，前台线程(main 线程)结束
```

```
        //后台线程也应该随之结束
    }
}
```

运行效果如图5-16所示。

图5-16　例5_13运行效果

从例5_13程序可以看出,主线程默认是前台线程,dt线程默认也是前台线程。并不是所有的线程默认都是前台线程,有些线程默认就是后台线程——前台线程创建的子线程默认是前台线程,后台线程创建的子线程默认就是后台线程。

注意:前台线程死亡后,JVM会通知后台线程死亡,但从它接收指令到做出相应,需要一定时间,而且要将某个线程设置为后台线程,必须在该线程启动之前设置。也就是说,setDaemon(true)必须在start()方法之前调用,否则会引发IlleaglThreadStateException异常。

项目六　开发简易网络聊天室

【项目描述】

使用Java语言编写一个网络聊天室,要求如下:

①创建一个广播聊天服务器,可以供多个客户端连接。

②创建客户端聊天界面,实现一个客户端的信息能发送到所有其他客户端。

③在聊天室中可以显示用户名称。

参考效果如图6-1所示。

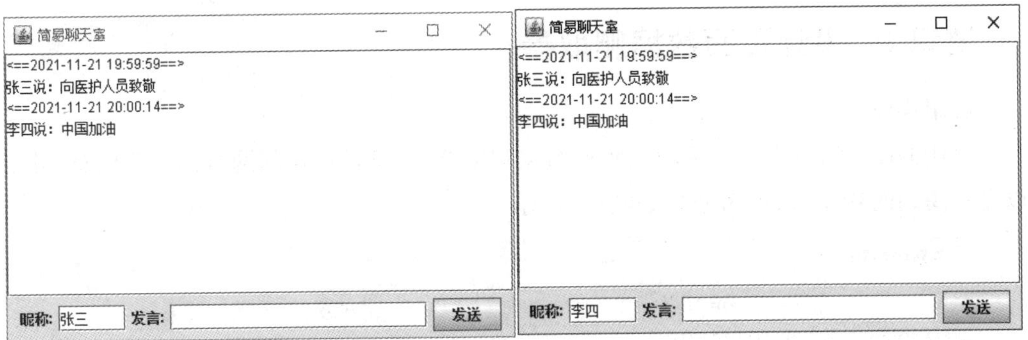

图6-1　网络聊天室效果图

【典型工作环节】

典型工作环节1　分析任务

通过项目描述,确定该聊天室的功能要求。

(1)主要内容

用Java实现基于C/S模式的聊天室系统。聊天室分为服务器端和客户端两部分,服务器端程序主要负责监听客户端发来的信息,客户端需要登录到服务器端才可以实现正常的聊天功能。

(2)具体要求(包括技术要求等)

系统的功能要求:

1)服务器端主要功能

①开放特定端口,在特定端口上进行监听,等待客户端连接。

②向已经连接到服务器端的用户发送消息。

③当停止服务时,断开所有的用户连接。

2)客户端的主要功能

①连接到已经开启聊天服务的服务器端。

②用户可以配置连接后显示的用户名。

③当服务器端开启的话,用户可以随时登录和注销。

④用户可以向所有人发送消息。

典型工作环节2　收集资讯

资讯1　设计页面数据爬取器

资讯描述

使用Java语言开发一个简单的页面数据爬取器,能够显示访问网页的文字信息,并可以显示访问的IP地址,参考效果如图6-2所示。

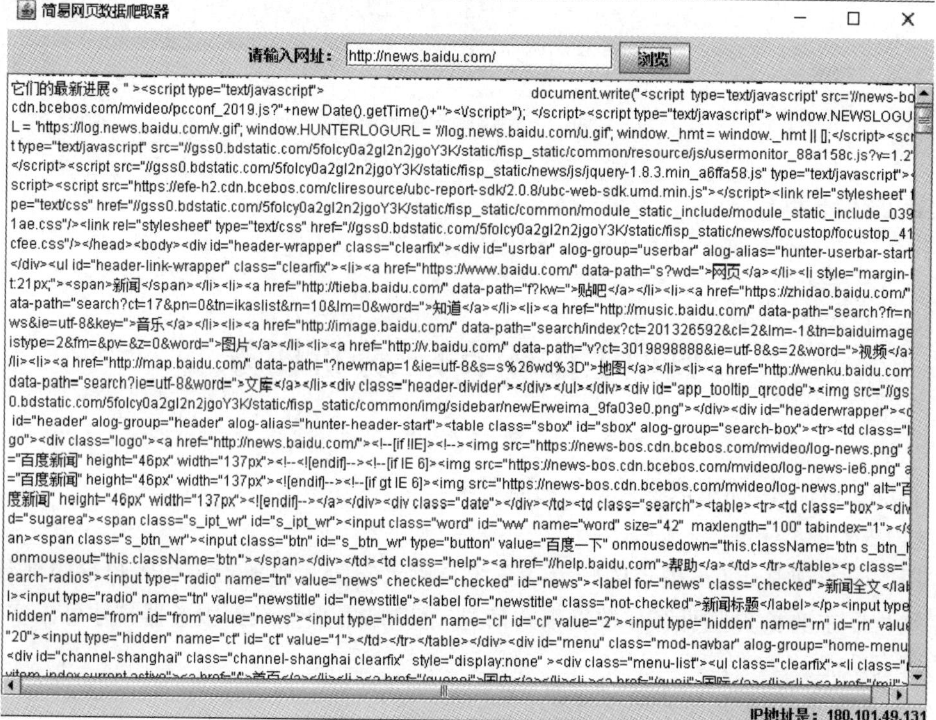

图6-2　数据爬取器运行效果

资讯分析

通过任务描述,该程序需要解决以下几个问题。

①通过Java的GUI技术,实现一个浏览器界面。

②通过使用URL类获取网络上的一个HTML文件。

③将HTML文件中的内容解析显示在屏幕上。

相关知识

(1)网络编程的基本概念

1)网络基础

计算机网络是指将地理位置不同的具有独立功能的多台计算机及其外部设备,通过通信线路连接起来,在网络操作系统、网络管理软件及网络通信协议的管理和协调下,实现资源共享和信息传递的计算机系统。

网络编程就是通过程序设计,实现直接或间接地与其他计算机进行通信。计算机之间的数据通信离不开通信协议,通信协议是网络通信的基础,通信协议是网络中计算机之间通信时共同遵守的规则。不同的通信协议用不同的方法解决不同类型的通信问题。常用的通信协议有HTTP、FTP、TCP/IP等。

2)TCP与UDP

TCP/IP是Transmission Control Protocol/Internet Protocol的简写,中译名为传输控制协议/因特网互联协议,又名网络通信协议,是Internet最基本的协议、Internet国际互联网络的基础,由网络层的IP协议和传输层的TCP协议组成。TCP/IP定义了电子设备如何连入因特网,以及数据如何在它们之间传输的标准。协议采用了4层的层级结构,每一层都呼叫它的下一层所提供的协议来完成自己的需求。通俗而言:TCP负责发现传输的问题,一有问题就发出信号,要求重新传输,直到所有数据安全正确地传输到目的地。而IP是给因特网的每一台联网设备规定一个地址。

在TCP/IP协议栈中,有两个高级协议是网络应用程序编写者应该了解的,它们是“传输控制协议”(Transmission Control Protocol, TCP)和“用户数据报协议”(User Datagram Protocol, UDP)。

TCP是面向连接的通信协议,TCP提供两台计算机之间的可靠无错的数据传输。应用程序利用TCP进行通信时,源和目标之间会建立一个虚拟连接。这个连接一旦建立,两台计算机之间就可以把数据当作一个双向字节流进行交换。就像打电话一样,互相能听到对方的说话,也知道对方的回应是什么。

UDP是无连接通信协议,UDP不保证可靠数据的传输,但能够向若干个目标发送数据,接收来自若干个源的数据。简单地说,如果一个主机向另外一台主机发送数据,这一数据就会立即发出,而不管另外一台主机是否已准备接收数据。如果另外一台主机收到了数据,它也不会确认收到与否。就像手机用户发短信一样,其实并不知道对方是否能收到信息。

TCP、UDP数据包(也称数据帧)的基本格式如图6-3所示。

协议类型	源IP	目标IP	源端口	目标端口	帧序号	帧数据

其中协议类型用于区分TCP, UDP

图6-3　TCP、UDP数据包基本格式

3)Java中所涉及的网络应用类

在java.net包中,提供了实现网络功能的类文件,主要分为3大类。

①使用URL:属于网络功能中最高级的一种方式。通过指定的URL(Uniform Resource Locators统一资源定位符,通常称为网址)的网络资源,能够很容易地确定网络上的数据的位置。使用这种方式,Java程序可以直接读取或传送数据到网络中。

②使用套接字Socket:Socket是实现两个程序通信的方式,多用于TCP/IP网络协议下,在网络中建立固定的连接。

③使用数据报Datagram方式是功能级别比较低的一种方式,与其他网络数据传输不同,使用Datagrame方式时,只是将需要传输的数据,按照指定的地址发送出去,并不保证数据能够准确、安全地到达指定地点,同时也不能确定到达的时间,UDP套接字就是采用的数据报Datagram方式。

Java中实现网络功能的类及其描述见表6-1。

表6-1 实现网络功能的类及其描述

类名	描述
IntetAddress	用于封装IP地址的java类
URL	用于封装URL的java类,可以使用URL的对象记录URL的完整信息
URLConnection	URLConnection是一个抽象类,代表与URL所指定的数据源的连接情况,可以通过该类的对象与服务器在任意时刻进行交互
Socket	客户端程序使用Socket类,建立于服务器的套接字连接
ServerSocket	服务器端程序使用ServerSocket类,建立接收客户端套接字的服务器套接字

(2)InetAddress

1)IP地址

IP地址用于唯一标识网络中一个通信实体,这个通信实体既可以是一台主机,也可以是一台打印机,或者路由器的某一个端口。而在基于IP协议网络中传输的数据包,都必须使用IP地址来进行标识。

就像发一份快递一样,要标明收件人的收件地址和发件人的地址,而快递工作人员则通过该地址来决定邮件的去向。类似的过程也发生在计算机网络里,每个被传递的数据包也要包括一个源IP地址和一个目的IP地址,来标识这个数据包的去向,当该数据包在网络中进行传输的时候,这两个地址要保持不变,以确保网络设备总能根据确定的IP地址,将数据包从源通信实体送往指定的目的通信实体。

IP地址是数字型的,IP地址是一个32位整数,但为了便于记忆,通常把它分成4个8位的二进制数,每8位之间用圆点隔开,每个8位整数可以转换成一个0~255的十进制整数,因此我们看到的IP地址的形式是:202.192.0.101。也就是32位的二进制数来表示,称为IPv4。随着计算机网络规模的不断扩大,用4个字节来表示IP地址已越来越不够使用,人们已经定制使用16个字节表示IP地址的格式,这就是IPv6。由于IPv6还没有全面投入使用,现在部分网络上用的还是IPv4。

2)创建InetAddress对象

InetAddress是Java对IP地址的封装,在java.net中有许多类都使用到了InetAddress,包括ServerSocket、Socket、DatagramSocket等。

InetAddress的实例对象包含以数字形式保存的IP地址,同时还可能包含主机名(如果使用主机名来获取InetAddress的实例,或者使用数字来构造,并且启用了反向主机名解析的功能)。InetAddress类提供了将主机名解析为IP地址(或反之)的方法。

InetAddress对域名进行解析是使用本地机器配置或者网络命名服务(如域名系统(Domain Name System,DNS)和网络信息服务(Network Information Service,NIS))来实现。对于DNS来说,本地需要向DNS服务器发送查询的请求,然后服务器根据一系列的操作,返回对应的IP地址,为了提高效率,通常本地会缓存一些主机名与IP地址的映射,这样访问相同的地址,就不需要重复发送DNS请求了。在java.net.InetAddress类同样采用了这种策略。在默认情况下,会缓存一段有限时间的映射,对于主机名解析不成功的结果,会缓存非常短的时间(10 s)来提高性能。

InetAddress类没有提供公开的构造方法,无法用new创建对象,但可以通过它提供的静态方法(表6-2)来获取一个InetAddress对象或InetAddress数组。

表6-2 获取InetAddress类对象的静态方法

名称	描述
static InetAddress getLocalHost()	获取本机的InetAddress对象
static InetAddress getByName(String host)	根据主机host创建一个InetAddress对象。参数host可以是主机名,也可以是表示IP地址的十进制数字字符串
static InetAddress [] getAllByName (String host)	根据主机host返回一个InetAddress对象数组,表示指定计算机的所有IP地址
static InetAddress getByAddress(byte[] addr)	根据IP地址创建一个InetAddress对象,并返回其引用。参数addr可以是4字节的IPv4地址,也可以是16字节的IPv6地址
static InetAddress getByAddress (String host, byte[] addr)	根据主机host和IP地址创建一个InetAddress对象

在这些静态方法中,最为常用的应该是getByName(String host)方法,只需要传入目标主机的名字,InetAddress会尝试做连接DNS服务器,并且获取IP地址的操作。

在调用上述方法获取InetAddress对象时,如果安全管理器不允许访问DNS服务器或禁止网络连接,SecurityException会抛出,如果找不到对应主机的IP地址,或者发生其他网络I/O错误,这些方法会抛出UnknowHostException。

InetAddress类的常用方法见表6-3。

表6-3 InetAddress类的常用方法

名称	描述
public byte[] getAddress()	返回主机地址的字节数组

续表

名称	描述
public String getHostAddress()	返回主机IP地址的字符串
public String getHostName()	返回主机名的字符串

【例6_1】 创建本地及远程主机InetAddress对象,并使用该对象的方法获取与主机地址相关的信息。

```
import java.net.*;
public class Test{
    public static void main(String [] args){
        try{
            //输出本地 InetAddress 对象信息
            System.out.println("本地信息:");
            //获取本地主机名及 IP 地址
            InetAddress local= InetAddress.getLocalHost();
            String localIP = String.valueOf(local);
            //获取本地 IP 地址
            String hostAddress = local.getHostAddress();
            System.out.println(hostAddress);
            //获取本地主机名
            String localName=local.getHostName();
            System.out.println(localName);
            //远程 InetAddress 对象信息
            System.out.println("远程信息:");
            //获取远程服务器 www.baidu.com 的主机名及 IP 地址
            InetAddress ip = InetAddress.getByName("www.baidu.com");
            String ip_str=String.valueOf(ip);
            System.out.println(ip_str);
            //获取远程服务器 IP 地址
            String ipAddress = ip.getHostAddress();
            System.out.println(ipAddress);
            //获取远程服务器主机名
            String ipName = ip.getHostName();
            System.out.println(ipName);
        }catch(UnknownHostException e){}
    }
}
```

运行效果如图6-4所示。

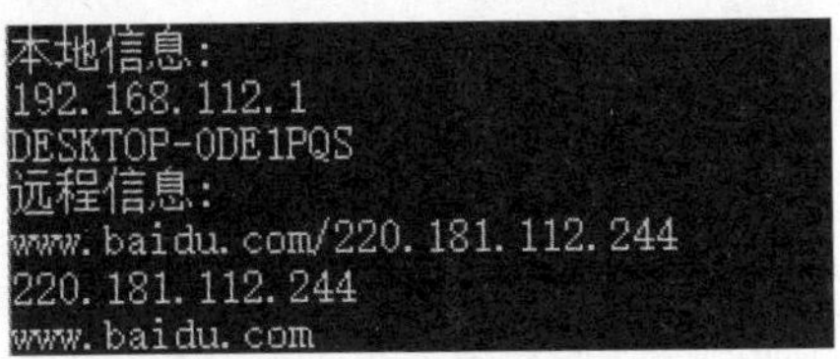

图6-4 例6_1运行效果

(3)URL

1)URL简介

URL又称为统一资源定位器(Uniform Resource Locator)。IP地址定位了在互联网上的一台计算机,端口定义了在这台计算机提供的服务,而URL提供了网上资源的一个指针。该资源可以是一个简单的文件,或者一个目录,也可以是一个复杂的对象。通过URL,可以访问Inernet服务器,浏览器通过解析给定的URL可以在网络上查找相应的文件和网络资源。

URL一般由协议名、资源所在的主机名和文件名等部分组成,即:

协议名://资源名

协议名指定连接网络并获取资源所用的传输协议,如HTTP、FTP、Gopher、File等。其中最常用的是HTTP(HyperText Transfer Protocol,超文本传输协议)协议和FTP(File Transfer Protocol,文件传输协议)协议。资源名则表示该URL的地址,其格式和使用的协议有关,一般包括以下几个部分。

- 主机名:资源所在的机器名。
- 文件名:文件在主机上的全路径名。
- 端口号:资源所在主机上用于连接该URL的端口(port)号。
- 引用:它是文件资源中的一个标记,可以以超链接的方式在HTML文件中指定文件的一个部分。

其中,前两个部分是必不可少的,后两部分是可选项。

例如下面的URL:http://www.sina.com.cn:80/default.html

从URL可以看出,其所用的协议是http协议,资源所在的主机是www.sina.com.cn,文件名是default.html。有时资源名也可以省略,这样就直接指向主机。此外,还可以包含端口号来指定与远端主机相连接的端口。如果不指定端口则使用默认值,HTTP协议的默认端口号是80。

2)URL类

为了表示URL,java.net中定义了URL类,不同于InetAddress对象,URL类的构造函数有很多种,可以通过这些构造函数来初始化一个URL对象,URL构造方法见表6-4。

表6-4 URL构造方法

名称	描述
public URL(String absURL)	通过一个包含完整URL地址的字符串absURL来初始化一个URL对象,例如:URL absURL = new URL(String "http://www.sina.com.cn")

续表

名称	描述
public URL (URL baseURL, String relURLString)	通过一个基URL和一个表示相对URL的字符串来初始化一个URL对象,例如:URL baseURL = new URL("http://www.sina.com.cn"); URL relURL = new URL(baseURL,"index.html"); 此构造函数必须包含一个URL对象(称为基URL,如baseURL)作参数,并在此基URL对象的基础上根据提供的相对URL信息,构造一个新的URL对象。如果第一个baseURL的值为null,则程序将第二个相对URL参数作为绝对URL使用
public URL (String protocol, String host,String file)	通过代表协议名、主机名和文件路径的3个字符串来初始化一个URL对象,例如: URL SINA = new URL ("http", "www. sina. com. cn", "/pages/index.html"); 其中,第一个参数代表使用的协议,第二个参数代表网络上的主机名,第三个参数代表该文件在主机上的路径。该定义和下面的语句是等效的。 URL SINA = new URL("http://www.sina.com.cn/pages/index.html"); 它将创建一个指向 http://www. sina. com. cn/pages/index. html 的 URL对象
public URL (String protocol, String host, int port, String file)	通过代表协议名、主机名、端口号和文件路径的4个字符串来初始化一个URL对象,例如: URL SINA = new URL("http", "www. sina. com. cn", 80, "/pages/index.html");其中,第一个参数代表使用的协议,第二个参数代表网络上的主机名,第三个参数代表该机器使用的端口号,第四个参数代表该文件在主机上的路径

URL类提供了一些对URL对象进行操作的方法见表6-5。

表6-5　URL类的方法

名称	描述
public URLConnection openConnection()	打开一个URL连接,创建一个URLConnection对象并运行客户端访问资源
public final InputStream openStream()	为URL对象打开一个输入流
public String getProtocol()	获得URL对象的协议名
public String getHost()	获得URL对象的主机名
public int getPort()	获得URL对象的端口号,如果没有设置端口号,返回-1
public String getFile()	获得URL对象的文件名
public String getRef()	获得该URL在文件中的相对位置
public String getQuery()	获得URL对象的查询信息

续表

名称	描述
public String getPath()	获得URL对象的路径信息
public String getAuthority()	获得URL对象的权限信息
public String getUserInfo()	获得使用者信息

【例6_2】 使用java.net的URL类获取URL的各个部分参数。

```
import java.net.*;
import java.io.*;
public class Test{
   public static void main(String [] args) {
      try{
         URL url = new URL("http://www.runoob.com/index.html?language=cn#j2se");
         System.out.println("URL 为:" + url.toString());
         System.out.println("协议为:" + url.getProtocol());
         System.out.println("验证信息:" + url.getAuthority());
         System.out.println("文件名及请求参数:" + url.getFile());
         System.out.println("主机名:" + url.getHost());
         System.out.println("路径:" + url.getPath());
         System.out.println("端口:" + url.getPort());
         System.out.println("默认端口:" + url.getDefaultPort());
         System.out.println("请求参数:" + url.getQuery());
         System.out.println("定位位置:" + url.getRef());
      }catch(IOException e) {
         e.printStackTrace();
      }
   }
}
```

运行效果如图6-5所示。

```
URL 为: http://www.runoob.com/index.html?language=cn#j2se
协议为: http
验证信息: www.runoob.com
文件名及请求参数: /index.html?language=cn
主机名: www.runoob.com
路径: /index.html
端口: -1
默认端口: 80
请求参数: language=cn
定位位置: j2se
```

图6-5　例6_2运行效果

URL对象的方法openStream()方法能够建立和URL所指定的网络资源的连接，得到指定资源的输入流，通过输入流能够读取、访问网络上的数据。

【例6_3】 读取指定URL的内容，并输出到屏幕。

```
import java.io.BufferedReader;
import java.io.IOException;
import java.io.InputStream;
import java.io.InputStreamReader;
import java.net.MalformedURLException;
import java.net.URL;
public class Test {
    public static void main(String[] args) {
        try {
            URL url = new URL("http://www.baidu.com");
            InputStream is = url.openStream();
            InputStreamReader isr = new InputStreamReader(is,"utf-8");
            BufferedReader br = new BufferedReader(isr);
            String data = br.readLine();
            while(data != null){
                System.out.println(data);
                data = br.readLine();
            }
            br.close();
            isr.close();
            is.close();
        } catch (MalformedURLException e) {
            // TODO Auto-generated catch block
            e.printStackTrace();
        } catch (IOException e) {
            // TODO Auto-generated catch block
            e.printStackTrace();
        }
    }
}
```

运行效果如图6-6所示。

```
<!DOCTYPE html>
<!--STATUS OK--><html> <head><meta http-equiv=content-type content=text/html;charset=utf-8><meta http-equiv=X-UA-Compati
ble content=IE=Edge><meta content=always name=referrer><link rel=stylesheet type=text/css href=http://s1.bdstatic.com/r/
www/cache/bdorz/baidu.min.css><title>百度一下，你就知道</title></head> <body link=#0000cc> <div id=wrapper> <div id=head
> <div class=head_wrapper> <div class=s_form> <div class=s_form_wrapper> <div id=lg> <img hidefocus=true src=//www.baidu
.com/img/bd_logo1.png width=270 height=129> </div> <form id=form name=f action=//www.baidu.com/s class=fm> <input type=h
idden name=bdorz_come value=1> <input type=hidden name=ie value=utf-8> <input type=hidden name=f value=8> <input type=hi
dden name=rsv_bp value=1> <input type=hidden name=rsv_idx value=1> <input type=hidden name=tn value=baidu><span class="b
g s_ipt_wr"><input id=kw name=wd class=s_ipt value maxlength=255 autocomplete=off autofocus></span><span class="bg s_btn
_wr"><input type=submit id=su value=百度一下 class="bg s_btn"></span> </form> </div> </div> <div id=u1> <a href=http://n
ews.baidu.com name=tj_trnews class=mnav>新闻</a> <a href=http://www.hao123.com name=tj_trhao123 class=mnav>hao123</a> <a
 href=http://map.baidu.com name=tj_trmap class=mnav>地图</a> <a href=http://v.baidu.com name=tj_trvideo class=mnav>视频<
/a> <a href=http://tieba.baidu.com name=tj_trtieba class=mnav>贴吧</a> <noscript> <a href=http://www.baidu.com/bdorz/log
in.gif?login&amp;tpl=mn&amp;u=http%3A%2F%2Fwww.baidu.com%2f%3fbdorz_come%3d1 name=tj_login class=lb>登录</a> </noscript>
 <script>document.write('<a href="http://www.baidu.com/bdorz/login.gif?login&tpl=mn&u='+ encodeURIComponent(window.locat
ion.href+ (window.location.search === "" ? "?" : "&")+ "bdorz_come=1")+ '" name="tj_login" class="lb">登录</a>');</scrip
t> <a href=//www.baidu.com/more/ name=tj_briicon class=bri style="display: block;">更多产品</a> </div> </div> </div> <di
v id=ftCon> <div id=ftConw> <p id=lh> <a href=http://home.baidu.com>关于百度</a> <a href=http://ir.baidu.com>About Baidu
</a> </p> <p id=cp>&copy;2017 Baidu <a href=http://www.baidu.com/duty/>使用百度前必读</a>  <a href=http:/
/jianyi.baidu.com/ class=cp-feedback>意见反馈</a> 京ICP证030173号  <img src=//www.baidu.com/img/gs.gif> </p> <
/div> </div> </div> </body> </html>
```

图6-6　例6_3运行效果

3)URLConnection类

URLConnection类是一个抽象类，表示指向URL指定资源的活动连接。创建URLConnection类的对象，可以使用URL对象的openConnection()方法，该方法可以返回一个URLConnection具体实现子类的对象。

如：URL url = new URL("www.baidu.com");

　　URLConnection urlCon = url.openConnection();

URLConnection类声明为抽象类，除了connect()方法，其他方法都已经实现。常用的主要方法见表6-6。

表6-6　URLConnection类中的主要方法

名称	描述
public int getContentLength()	获取指定URL服务器上资源文件的长度
public String getContentType()	获取指定URL服务器上资源文件的类型
public long getLastModify()	获取指定URL服务器上资源文件最后一次修改的时间
public long getDate()	获取指定URL服务器上资源文件创建的时间
public InputStream getInputStream()	获取输入流，以便读取指定URL服务器上资源文件的内容

【例6_4】 创建URLConnection类对象，获取当前URL指定的服务器上资源文件的相关信息，并获取资源文件的内容。

```
import java.net.MalformedURLException;
import java.net.URL;
import java.net.URLConnection;
import java.io.InputStream;
import java.io.InputStreamReader;
import java.io.BufferedReader;
import java.io.IOException;
import java.util.Date;
public class Demo{
```

```
    public static void main(String[] args) {
        try {
            int n;
            //使用指定的 URL:"http://www.baidu.com" 来创建 URL 类对象 url
            URL url = new URL("http://www.baidu.com");
            //使用 url 对象的 openConnection()方法,来获取 URLConnection 类的对象
            URLConnection urlConn = url.openConnection();
            //获取资源文件类型
            String contentType = urlConn.getContentType();
            System.out.println("资源文件类型:"+contentType);
            //获取资源文件长度
            int contentLength = urlConn.getContentLength();
            System.out.println("资源文件长度:"+contentLength);
            //获取资源文件创建时间
            long fileDate = urlConn.getDate();
            System.out.println("资源文件创建时间:"+new Date(fileDate));
            //创建输入流,用户获取指定 url 上资源文件的信息
            System.out.println("读取 url 上资源信息:");
            InputStream is = urlConn.getInputStream();
            InputStreamReader isr = new InputStreamReader(is,"utf-8");
            BufferedReader br = new BufferedReader(isr);
            String data = br.readLine();
            while(data != null){
                System.out.println(data);
                data = br.readLine();
            }
            br.close();
            isr.close();
            is.close();
        } catch (MalformedURLException e) {
            // TODO Auto-generated catch block
            e.printStackTrace();
        } catch (IOException e) {
            // TODO Auto-generated catch block
            e.printStackTrace();
        }
    }
}
```

运行效果如图6-7所示。

```
资源文件类型：text/html
资源文件长度：2381
资源文件创建时间：Mon Oct 22 11:44:03 CST 2018
读取url上资源信息：
<!DOCTYPE html>
<!--STATUS OK--><html> <head><meta http-equiv=content-type content=text/html;charset=utf-8><meta http-equiv=X-UA-Compati
ble content=IE=Edge><meta content=always name=referrer><link rel=stylesheet type=text/css href=http://s1.bdstatic.com/r/
www/cache/bdorz/baidu.min.css><title>百度一下，你就知道</title></head> <body link=#0000cc> <div id=wrapper> <div id=head
> <div class=head_wrapper> <div class=s_form> <div class=s_form_wrapper> <div id=lg> <img hidefocus=true src=//www.baidu
.com/img/bd_logo1.png width=270 height=129> </div> <form id=form name=f action=//www.baidu.com/s class=fm> <input type=h
idden name=bdorz_come value=1> <input type=hidden name=ie value=utf-8> <input type=hidden name=f value=8> <input type=hi
dden name=rsv_bp value=1> <input type=hidden name=rsv_idx value=1> <input type=hidden name=tn value=baidu><span class="b
g s_ipt_wr"><input id=kw name=wd class=s_ipt value maxlength=255 autocomplete=off autofocus></span><span class="bg s_btn
_wr"><input type=submit id=su value=百度一下 class="bg s_btn"></span> </form> </div> </div> <div id=u1> <a href=http://n
ews.baidu.com name=tj_trnews class=mnav>新闻</a> <a href=http://www.hao123.com name=tj_trhao123 class=mnav>hao123</a> <a
 href=http://map.baidu.com name=tj_trmap class=mnav>地图</a> <a href=http://v.baidu.com name=tj_trvideo class=mnav>视频<
/a> <a href=http://tieba.baidu.com name=tj_trtieba class=mnav>贴吧</a> <noscript> <a href=http://www.baidu.com/bdorz/log
in.gif?login&amp;tpl=mn&amp;u=http%3A%2F%2Fwww.baidu.com%2f%3fbdorz_come%3d1 name=tj_login class=lb>登录</a> </noscript>
 <script>document.write('<a href="http://www.baidu.com/bdorz/login.gif?login&tpl=mn&u='+ encodeURIComponent(window.locat
ion.href+ (window.location.search === "" ? "?" : "&")+ "bdorz_come=1")+ '" name="tj_login" class="lb">登录</a>');</scrip
t> <a href=//www.baidu.com/more/ name=tj_briicon class=bri style="display: block;">更多产品</a> </div> </div> </div> <di
v id=ftCon> <div id=ftConw> <p id=lh> <a href=http://home.baidu.com>关于百度</a> <a href=http://ir.baidu.com>About Baidu
</a> </p> <p id=cp>&copy;2017 Baidu <a href=http://www.baidu.com/duty/>使用百度前必读</a>  <a href=http:/
/jianyi.baidu.com/ class=cp-feedback>意见反馈</a> 京ICP证030173号  <img src=//www.baidu.com/img/gs.gif> </p> <
/div> </div> </div> </body> </html>
```

图6-7　例6_4运行效果

示例代码

URLFrame.java

```
import java.awt.event.ActionEvent;
import java.awt.event.ActionListener;
import java.io.BufferedReader;
import java.io.InputStream;
import java.io.InputStreamReader;
import java.net.InetAddress;
import java.net.URL;

import javax.swing.JButton;
import javax.swing.JEditorPane;
import javax.swing.JFrame;
import javax.swing.JLabel;
import javax.swing.JPanel;
import javax.swing.JScrollPane;
import javax.swing.JTextField;
import javax.swing.UIManager;

public class URLFrame extends JFrame{
    JButton btnOK;
    URL url;
```

```
    JTextField txtUrl;
    JEditorPane editPane;
    JLabel lblURL;
    public URLFrame() {
        this.setTitle("简易网页数据爬取器");
        this.txtUrl=new JTextField(20);
        this.txtUrl.setText("http://news.baidu.com/");
        this.editPane = new JEditorPane();
        this.editPane.setEditable(false);
        btnOK = new JButton("浏览");
        lblURL = new JLabel("", JLabel.RIGHT);
        JPanel p = new JPanel();// 定义一个面板对象
        //组件添加到面板中
        p.add(new JLabel("请输入网址:"));
        p.add(txtUrl);
        p.add(btnOK);
        this.add(p, "North");// 添加到窗体上
        //定义一个滚动条,在 JEditPane 添加滚动条
        JScrollPane scroll = new JScrollPane(editPane);
        this.add(scroll);// 添加到窗体中
        this.add(lblURL,"South");
        this.setDefaultCloseOperation(JFrame.EXIT_ON_CLOSE);
        btnOK.addActionListener(new ActionListener() { // 按钮单击事件
            public void actionPerformed(ActionEvent e) {
                btnOKClick();
            }
        });
        try {//修改窗体的显示风格
    UIManager.setLookAndFeel("com.sun.java.swing.plaf.windows.WindowsLookAndFeel");
        } catch (Exception evt) {
            evt.printStackTrace();
        }
        this.setSize(800, 600);
        this.setLocationRelativeTo(null);// 居中显示
        this.setVisible(true);
    }
    protected void btnOKClick() {
        editPane.setText(null);
```

```
        try {
            //获得 DNS 名称,去掉地址前的 http://
            String dns = txtUrl.getText().replace("http://","").trim();

            int tmp = dns.indexOf("/");
            if (tmp > 0) {//如果不只是站点名,要去掉网址中有其他文件名
                dns = dns.substring(0,tmp);
            }
            //获得访问的 IP 地址
            String ip = InetAddress.getByName(dns).getHostAddress();
            lblURL.setText("IP 地址是:"+ ip);//通过标签显示 IP 地址
            url = new URL(txtUrl.getText().trim());// 获得访问的地址

            InputStream is = url.openStream();
            InputStreamReader isr = new InputStreamReader(is,"utf-8");
            BufferedReader br = new BufferedReader(isr);
            String data = br.readLine();
            String s="";
            while((data=br.readLine()) != null){
                s=s+data;
            }
            br.close();
            isr.close();
            is.close();
            editPane.setText(s);
        } catch (Exception e) {
            e.printStackTrace();
            editPane. setText ("访问失败");
        }
    }
    public static void main(String[] args) {
        new URLFrame();
    }
}
```

资讯2 设计HTTP服务器

资讯描述

使用Java语言设计一款HTTP服务器，根据HTTP协议，实现从客户端浏览器中接收GET请求，并且返回响应信息。参考效果如图6-8所示。

图6-8 HTTP服务器效果演示

资讯分析

①利用网络编程的ServerSocket类建立服务器端的监听程序，用于接受客户端的HTTP请求。

②服务器监听程序会为每一个客户端的HTTP请求创建一个单独的线程，通过这个线程获得客户端的HTTP请求信息。

③服务端按照HTTP协议要求发送给客户端响应信息。

相关知识

(1)套接字通信机制

客户端-服务器模型是最常用的网络应用模型。在设计客户端-服务器软件时，面向连接的程序选择TCP/IP协议簇中的TCP协议；无连接的程序选择UDP协议。面向连接和无连接的区别需要充分考虑，通常依赖于应用要实现的可靠性和网络所能提供的可靠性。

套接字Socket类，是通过C/S(客户端/服务器)方式来实现网络中的两个程序间的连接，通过指定的IP地址以及端口来实现互联。建立连接的两个程序间可以实现双向通信，任何一方既可以接受请求，也可以向另一方发送请求，因此利用套接字Socket类可以轻易地实现网络中数据的传递。

由于使用套接字Socket实现的网络连接，是基于C/S模式的TCP/IP协议下的连接，即在通信开始之前先由通信双方确认身份并建立一条专用的虚拟连接通道，然后它们通过这条通道传送数据信息进行通信，最后当通信完成时将连接通道拆除，因此在使用的时候会分为客户端套接字和服务器端套接字两种。

在Java中对应的是实现客户端套接字的Socket类，以及用于实现服务器端套接字的ServerSocket类。服务端首先建立一个ServerSocket对象，调用listen()方法在某个端口提供一个监听客户端请求的监听服务，当客户端向该服务端发出连接请求时，ServerSocket调用accept()方法接受这个请求，并建立一个Socket对象与客户端进行通信，通信的基本方式是通过Socket得到流对象，在流对象上进行输入和输出。

Socket与ServerSocket的交互过程如图6-9所示。

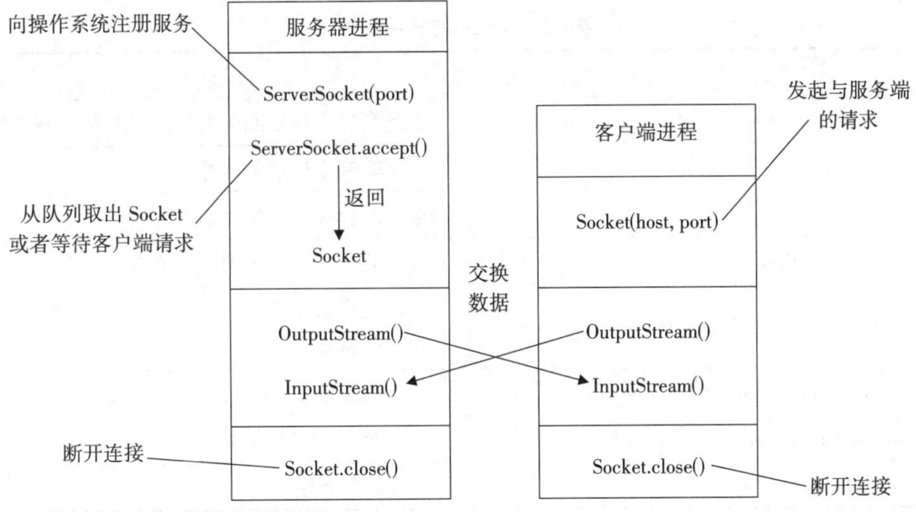

图6-9　Socket与ServerSocket的交互

(2)客户端套接字Socket类

利用套接字接口开发网络应用程序早已被广泛地采用,成了事实上的标准,套接字能执行7种基本操作。

- 连接到远程机器。
- 绑定到端口。
- 接收从远程机器来的连接请求。
- 监听到达的数据。
- 发送数据。
- 接收数据。
- 关闭连接。

利用java.net.Socket类可以使一个应用从网络中读取和写入数据,不同计算机上的两个应用可以通过连接发送和接收字节流,当发送消息时,需要知道对方的IP和端口。Socket的构造方法及常用方法见表6-7和表6-8。

表6-7　Socket的构造方法

名称	描述
public Socket(String host, int port)	创建一个流套接字并将其连接到指定主机上的指定端口号
public Socket(InetAddress host, int port)	创建一个流套接字并将其连接到指定 IP 地址的指定端口号
public Socket(String host, int port, InetAddress localAddress, int localPort)	创建一个套接字并将其连接到指定远程主机上的指定远程端口
public Socket(InetAddress host, int port, InetAddress localAddress, int localPort)	创建一个套接字并将其连接到指定远程地址上的指定远程端口
public Socket()	通过系统默认类型的 SocketImpl 创建未连接套接字

表6-8 Socket的常用方法

名称	描述
public void connect(SocketAddress host, int timeout)。	将此套接字连接到服务器,并指定一个超时值
public InetAddress getInetAddress()	返回套接字连接的地址
public int getPort()	返回此套接字连接到的远程端口
public int getLocalPort()	返回此套接字绑定到的本地端口
public SocketAddress getRemoteSocketAddress()	返回此套接字连接的端点的地址,如果未连接则返回null
public InputStream getInputStream()	返回此套接字的输入流
public OutputStream getOutputStream()	返回此套接字的输出流
public void close()	关闭此套接字

【例6_5】 实现端口扫描,扫描本地主机开放的服务器端口。

```
import java.io.*;
import java.net.*;
public class Demo{
   public static void main(String[] args) {
   Socket socket = null;
   int port =0;
   for(port=8077;port<8087;port++){
      //System.out.println("port="+port);
      try{
          socket = new Socket("localhost",port);
          System.out.println("开放端口:"+port);
          socket.close();
      }catch(UnknownHostException e){
          System.out.println("无法识别主机");
      }catch(IOException e){
          System.out.println("未响应端口:"+port);
      }finally{
      try{
          socket.close();
          }catch(Exception e){ }
      }
   }
 }
}
```

该例中每次创建一个Socket来尝试连接目标主机指定范围的一个端口,如果Socket创建成功,则认为目标主机开放了该端口,也就是说有一个服务器程序在监听该端口。由于本机启动了Tomcat服务,开放了8080端口,因此运行结果如图6-10所示。

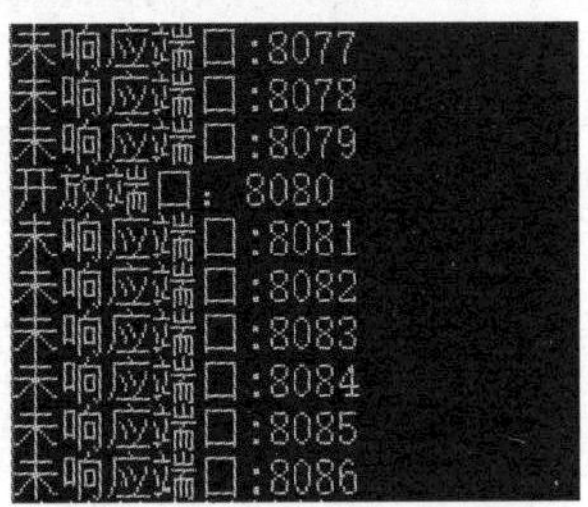

图6-10　例6_5运行效果

(3)服务器端套接字ServerSocket类

服务器程序不同于客户机,它需要初始化一个端口进行监听,遇到连接呼叫,才与相应的客户机建立连接。利用java.net包中的ServerSocket类可以开发服务器程序。

利用ServerSocket创建一个服务器的典型工作流程如下:

①在指定的监听端口创建一个ServerSocket对象。

②ServerSocket对象调用accept()方法在指定的端口监听连接请求。accept()方法阻塞了当前java线程,直到收到客户端连接请求,accept()方法返回连接客户端与服务器的Socket对象。

③调用getInputStream()方法和getOutputStream()方法获得Socket对象的输入流与输出流对象。

④服务器与客户端通过流对象进行数据通信,直到一端请求关闭连接。

⑤服务器和客户端关闭连接。

⑥服务器返回第②步,继续监听下一次连接请求,客户端则运行结束。

ServerSocket的构造方法及常用方法见表6-9和表6-10。

表6-9　ServerSocket的构造方法

名称	描述
public ServerSocket(int port)	创建绑定到特定端口的服务器套接字
public ServerSocket(int port, int backlog)	利用指定的backlog创建服务器套接字并将其绑定到指定的本地端口号
public ServerSocket(int port, int backlog, InetAddress address)	使用指定的端口、监听backlog和要绑定到的本地IP地址创建服务器
public ServerSocket()	创建非绑定服务器套接字

ServerSocket构造器是服务器程序运行的基础,它将参数port指定的端口初始化作为该服务器的端口,监听客户机连接请求。port的范围是0~65536,但0~1023是标准Internet协议保留端口,一般自定义的端口号为8000~16000。

表6-10 ServerSocket的常用方法

名称	描述
public int getLocalPort()	返回此套接字在其上侦听的端口
public Socket accept()	侦听并接收到此套接字的连接
public void setSoTimeout(int timeout)	通过指定超时值启用/禁用 SO_TIMEOUT,以毫秒为单位
public void bind(SocketAddress host, int backlog)	将 ServerSocket 绑定到特定地址(IP 地址和端口号)

【例 6_6】 简单的TCP服务端程序,等待接收客户端连接,客户端连接成功后发送"welcome"到客户端。

服务端程序 TcpServer.java

```
import java.net.*;
import java.io.*;
public class TcpServer{
    public static void main(String [] args) {
        try{
            ServerSocket serverSocket=new ServerSocket(8001);
        System.out.println("等待连接。。。。");
            Socket socket=serverSocket.accept();
        System.out.println("连接成功。。。。");
            InputStream ips=socket.getInputStream();
            OutputStream ops=socket.getOutputStream();
            PrintWriter pr = new PrintWriter(ops);
            pr.write("welcome!");
            pr.close();
            socket.close();
            serverSocket.close();
        }catch(Exception e){
            e.printStackTrace();
        }
    }
}
```

在这个程序中,创建了一个在8001端口上等待连接的ServerSocket对象,当接收到一个客户的连接请求后,程序从与这个客户建立了连接的Socket对象中获得输入输出流对象,通过输出流首先向客户端发送一串字符,最后关闭所有有关的资源。

为了验证服务器程序能否正常工作,还必须有一个客户端程序与之通信。

客户端程序 TcpClient.java

```
import java.net.*;
import java.io.*;
public class TcpClient{
    public static void main(String[] args) {
        try{
            System.out.println("连接服务器");
            Socket socket=new Socket("localhost",8001);
            System.out.println("连接成功");
            InputStream ips=socket.getInputStream();
            OutputStream ops=socket.getOutputStream();
            BufferedReader br = new BufferedReader(new InputStreamReader(ips));
            String s = br.readLine();
            System.out.println("服务器端发来的信息:"+s);
            br.close();
            socket.close();
        }catch(Exception e){
            e.printStackTrace();
        }
    }
}
```

先启动服务端程序，再运行客户端程序，运行效果如图6-11所示。

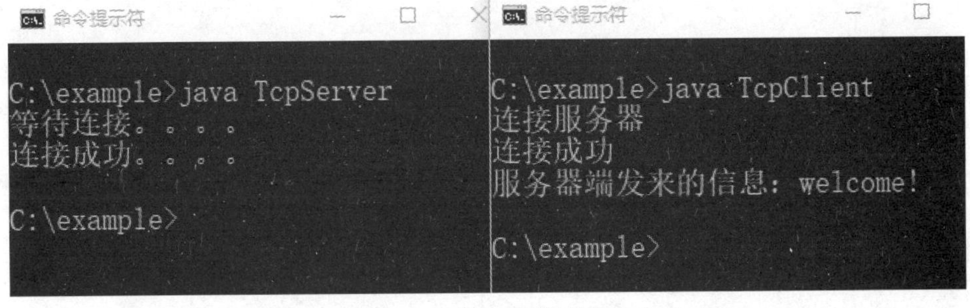

图6-11　例6_7运行效果

(4)多线程服务器程序

接着修改上面的程序，让它能够接收多个客户的连接请求，并为每个客户连接创建一个单独的线程与客户进行对话。

一次accept方法调用只接收一个连接，accept方法需要放在一个循环语句中，这样才可以接收多个连接。

每个连接的数据交换代码，也放在一个循环语句中，保证两者可以不停地交换数据。

每个连接的数据交换代码，必须放在独立的线程中运行，否则，在这段代码运行期间，就没法执行其他的程序代码，accept方法也得不到调用，新的连接就无法进入。用一个单独的类来实现服务器端与客户端的对话功能，这个类就叫Servicer吧。

【例6_7】 实现客户端每向服务器发送一个字符串，服务器就将这个字符串中的所有字符反向排列后回送给客户端，直到客户端向服务器端发送quit命令，才结束两端的对话。

服务端代码如下：

```
import java.net.*;
import java.io.*;
public class TcpServer{
    public static void main(String [] args){
        try{
            ServerSocket ss=new ServerSocket(8001);
            while(true){
                System.out.println("等待连接 ....");
                Socket s=ss.accept();
                //获取客户端的 IP 地址
                InetAddress address = s.getInetAddress();
                String ip = address.getHostAddress();
                System.out.println("客户端:" + ip +":"+s.getPort()+ " 接入服务器!! ");
                new Thread(new Servicer(s)).start();
            }
        }catch(Exception e){e.printStackTrace();}
    }
}
class Servicer implements Runnable{
    Socket s;
    public Servicer(Socket s){
        this.s = s;
    }
    public void run(){
        try{
            InputStream ips=s.getInputStream();
            OutputStream ops=s.getOutputStream();
            BufferedReader br = new BufferedReader(new InputStreamReader(ips));
            DataOutputStream dos = new DataOutputStream(ops);
            while(true){
                String strWord = br.readLine();
                if(strWord. equalsIgnoreCase("quit"))
```

```
                break;
            String strEcho = (new StringBuffer(strWord).reverse()).toString();
            dos. writeBytes(strWord+ " ---→ " +strEcho+System. getProperty("line.
            separator"));
        }
        //关闭包装类,会自动关闭包装类中所包装的底层类
        br.close();
        dos.close();
        s.close();
    }catch(Exception e){e.printStackTrace();}
  }
}
```

TCP客户端程序，与上面的服务器程序通信，代码如下：

```
import java.net.*;
import java.io.*;
public class TcpClient{
  public static void main(String [] args)    {
    try{
        Socket s=new Socket("localhost",8001);
        InputStream ips=s.getInputStream();
        OutputStream ops=s.getOutputStream();
        BufferedReader brKey = new BufferedReader(new InputStreamReader(System.
in));
        DataOutputStream dos = new DataOutputStream(ops);
        BufferedReader brNet = new BufferedReader(new InputStreamReader(ips));
        while(true){
            System.out.print("请输入:");
            String strWord = brKey.readLine();
            dos.writeBytes(strWord + System.getProperty("line.separator"));
            if(strWord.equalsIgnoreCase("quit"))
                break;
            else
                System.out.println("服务器回复:"+brNet.readLine());
        }
        dos.close();
        brNet.close();
```

```
            brKey.close();
            s.close();
        }catch(Exception e){e.printStackTrace();}
    }
}
```

运行两个这样的客户程序，每一个客户都可以同服务器单独对话，直到客户输入quit命令后结束。运行效果如图6-12所示。

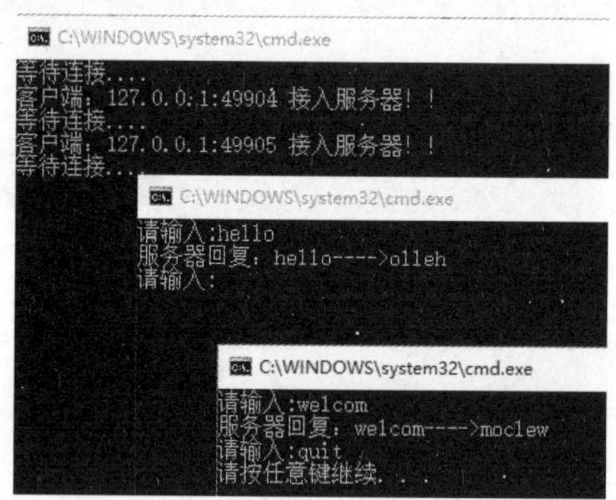

图6-12　客户端运行效果

示例代码

HttpServer.java

```
import java.net.*;
import java.io.*;
public class HttpServer {
    public HttpServer(){
        ServerSocket server=null;
        try {
            server=new ServerSocket(8888);//建立监听，端口是 8888
            System.out.println(">>>>>>服务器正在启动 ...............");
            System.out.println(">>>>>>启动端口 8888...............");
            System.out.println(">>>>>>服务器启动成功 ...............");
            while(true) {//无限循环，接受客户的请求
                Socket sc=server.accept();//获得客户的请求
                System.out.println("接受来自:"+sc.getInetAddress()+"的请求");
                Handler handler=new Handler(sc); //处理每个客户端请求
                new Thread(handler).start (); //新创建一个线程处理客户的请求
            }//while 结束
        }
```

```
        catch (IOException e) {e.printStackTrace();}
    }
    public static void main(String[] args) {
        new HttpServer();
    }
}
```

Handler.java

```
import java.io.*;
import java.net.*;
public class Handler implements Runnable {
    private Socket sc;// 定义 Socket 类
    public Handler(Socket sc) {
        this.sc = sc;
    }
    public void run() {
        BufferedReader request = null;
        OutputStream out = null;
        try {
            //获得客户端输入流(HTTP 客户端请求的信息)
            request = new BufferedReader(new InputStreamReader(sc.getInputStream()));
            out = sc.getOutputStream();
            String str ="";
            str = request. readLine();// 读取 HTTP 请求信息的第一行
            if (str.indexOf("GET") > -1) {// 如果是 GET 请求
            String fileName = str.replace("GET","");// 获得请求的文件名
            fileName = fileName.replace("HTTP/1.1","").trim();
            if (fileName.length() == 1) {// 如果没看文件名,默认是 index.html
                fileName = "index.html";
            }
            response(out, fileName);//响应客户端请求的文件
            }
        } catch (IOException e) {
            e.printStackTrace();
        } finally {
            try {
                sc.close();
            } catch (IOException e) {
```

```
                e.printStackTrace();
            }
        }
    }
    private void response(OutputStream out,String fileName) {
        FileInputStream in = null;
        try {
            //服务器端存放 html 的路径是 webapps,获得请求文件的输入流
            in = new FileInputStream("webapps/"+fileName);
            byte[] buf = new byte[1024];
            int tmp = 0;
            //向客户端发送 HTTP 响应状态行信息
            out.write("HTTP/1.1 200 OK\r\n".getBytes());
            out.write("Content-Type:text/html\r\n\r\n".getBytes());
            while ((tmp = in.read(buf)) != -1) { // 向客户端发送正文信息
                out.write(buf,0, tmp);
                out.flush();
            }
        }
        catch (FileNotFoundException e) {
            e.printStackTrace();
            try {
            out.write("<Font color=red>请求的文件不存在</Font>".getBytes());
            } catch (IOException el) {
            el.printStackTrace();
            }
        } catch (IOException e) {
            e.printStackTrace();
        } finally {
            try {
                in.close();
                out.close();
            } catch (IOException e){
                e.printStackTrace();
            }
        }
    }
}
```

Index.html

```
<!DOCTYPE html>
<html>
<head>
    <meta charset="utf-8">
    <title>index</title>
</head>
<body>
我是 http 服务器上的 index 页面
</body>
</html>
```

典型工作环节3　实现功能

任务1　关键算法与技术实现

为实现服务端对所有用户广播信息，在服务端定义一个消息列表。

```
//聊天信息链表集合
LinkedList<String> msgList =new LinkedList<String>();
```

定义内部类SendMsgToClient，实现服务端到客户端的信息发送。

```
//给所有客户发送聊天信息读线程
class SendMsgToClient extends Thread{
    public void run() {
        while(this.isAlive()) {
            try {
                //如果信息链表集合不空(还有聊天信息未发送)
                if(!msgList.isEmpty()) {
                    //取信息链表集合中读最后一条,并移除
                    String msg = msgList.removeLast();
                    //对输出流列表集合进行遍历,循环发送信息给所有客户端
                    for (int i = 0; i < pWriters.size(); i++) {
                        pWriters.get(i).println(msg);
                        pWriters.get(i).flush();
```

```
                    }
                }
            } catch (Exception e) {
            // TODO: handle exception
            }
        }
    }
}
```

任务2　项目代码示例

服务端代码ChatServer.java

```
import java.io.BufferedReader;
import java.io.IOException;
import java.io.InputStreamReader;
import java.io.PrintWriter;
import java.net.ServerSocket;
import java.net.Socket;
import java.text.SimpleDateFormat;
import java.util.ArrayList;
import java.util.Date;
import java.util.LinkedList;

public class ChatServer {
    //声明服务器端套接字 ServerSocket
    ServerSocket serverSocket;
    //输入流列表集合
    ArrayList<BufferedReader> bReaders = new ArrayList<BufferedReader>();
    //输入流列表集合
    ArrayList<PrintWriter> pWriters = new ArrayList<PrintWriter>();
    //聊天信息链表集合
    LinkedList<String> msgList =new LinkedList<String   >();

    public ChatServer() {
        try {
            //创建服务器端套接字 ServerSocket,在 28888 端口监听
            serverSocket = new ServerSocket(28888);
```

```
        } catch (IOException e) {
            // TODO Auto-generated catch block
            e.printStackTrace();
        }
        //创建接受客户端 Socket 读线程实例,并启动
        new AcceptSocketThread().start();
        //创建给客户端发送信息读线程实例,并启动
        new SendMsgToClient().start();
        System.out.println("服务器已经启动 ...");
    }

    //接收客户端 Socket 套接字线程
    class AcceptSocketThread extends Thread{
        public void run() {
            while(this.isAlive()) {
                try {
                    //接收一个客户端 Socket 对象
                    Socket socket = serverSocket.accept();
                    //建立该客户端读通信管道
                    if(socket != null) {
                        //获取 Socket 对象读输入流
                        BufferedReader bReader = new BufferedReader(new
                        InputStreamReader(socket.getInputStream()));
                        //将输入流添加到输入流列表集合中
                        bReaders.add(bReader);
                        //开启一个线程接收客户端读聊天信息
                        new GetMsgFromClient(bReader).start();
                        //获取 Socket 对象读输出流,并添加到输入流列表集合中
                        pWriters.add(new PrintWriter(socket.getOutputStream()));
                    }
                } catch (IOException e) {
                    // TODO Auto-generated catch block
                    e.printStackTrace();
                }
            }
        }
    }
    //接收客户端读聊天信息读线程
```

```
class GetMsgFromClient extends Thread{
    BufferedReader bReader;

    public GetMsgFromClient(BufferedReader bReader) {
        // TODO Auto-generated constructor stub
        this.bReader = bReader;
    }

    public void run() {
        while(this.isAlive()) {
            String strMsg;
            try {
                strMsg = bReader.readLine();
                if(strMsg != null) {
                    //SimpleDateFormat 日期格式化类,制定日期格式
                    //"年-月-日 时:分:秒",例如"2021-11-06 23:06:11"
                    SimpleDateFormat dateFormat = new SimpleDateFormat("yyyy-MM-
                    dd HH:mm:ss");
                    //获取当前系统时间,并使用日期格式化类制订格式读字符串
                    String strTime = dateFormat.format(new Date());
                    //将时间和信息添加到信息链表集合中
                    msgList.addFirst("<==" + strTime + "==>\n" + strMsg);
                }
            } catch (IOException e) {
                // TODO Auto-generated catch block
                e.printStackTrace();
                System.out.println("aaaaaaaaaaaaaaaaaaaaa");
                bReaders.remove(bReader);
            }
        }
    }

}
//给所有客户发送聊天信息读线程
class SendMsgToClient extends Thread{
    public void run() {
        while(this.isAlive()) {
            try {
```

```
                    //如果信息链表集合不空(还有聊天信息未发送)
                    if(!msgList.isEmpty()) {
                        //取信息链表集合中读最后一条,并移除
                        String msg = msgList.removeLast();
                        //对输出流列表集合进行遍历,循环发送信息给所有客户端
                        for (int i = 0; i < pWriters.size(); i++) {
                            pWriters.get(i).println(msg);
                            pWriters.get(i).flush();
                        }
                    }
                } catch (Exception e) {
                    // TODO: handle exception
                    System.out.println("bbbbbbbbbbbbbbbbbbbbbbbbbbbbb");
                }
            }
        }
    }
    //主函数调用
    public static void main(String args[]) {
        new ChatServer();
    }
}
```

客户端代码

ChatClient.java

```
import java.awt.BorderLayout;
import java.awt.event.ActionEvent;
import java.awt.event.ActionListener;
import java.io.BufferedReader;
import java.io.IOException;
import java.io.InputStreamReader;
import java.io.PrintWriter;
import java.net.Socket;
import java.net.UnknownHostException;

import javax.swing.JButton;
import javax.swing.JFrame;
```

```
import javax.swing.JLabel;
import javax.swing.JPanel;
import javax.swing.JScrollPane;
import javax.swing.JTextArea;
import javax.swing.JTextField;

public class ChatClient extends JFrame{
    /**
     * 聊天室客户端
     */
    private static final long serialVersionUID = 1L;
    Socket socket;
    PrintWriter pWriter;
    BufferedReader bReader;
    JPanel panel;
    JScrollPane sPane;
    JTextArea txtContent;
    JLabel lblName,lblSend;
    JTextField txtName,txtSend;
    JButton btnSend;

    public ChatClient() {
        super("简易聊天室");
        txtContent = new JTextArea();
        //设置文本域只读
        txtContent.setEditable(false);
        sPane = new JScrollPane(txtContent);

        lblName = new JLabel("昵称:");
        txtName = new JTextField(5);
        lblSend = new JLabel("发言:");
        txtSend = new JTextField(20);
        btnSend = new JButton("发送");

        panel = new JPanel();
        panel.add(lblName);
        panel.add(txtName);
        panel.add(lblSend);
```

```
        panel.add(txtSend);
        panel.add(btnSend);
        this.add(panel, BorderLayout.SOUTH);

        this.add(sPane);
        this.setSize(500,300);
        this.setDefaultCloseOperation(JFrame.EXIT_ON_CLOSE);

        try {
            //创建一个套接字
            socket = new Socket("127.0.0.1",28888);
            //创建一个往套接字中写数据的管道,即输出流,给服务器发送信息
            pWriter = new PrintWriter(socket.getOutputStream());
            //创建一个总套接字读数据的管道,即输入流,读服务器读返回信息
            bReader = new BufferedReader(new InputStreamReader(socket.getInputStream
()));
        } catch (UnknownHostException e) {
            // TODO Auto-generated catch block
            e.printStackTrace();
        } catch (IOException e) {
            // TODO Auto-generated catch block
            e.printStackTrace();
        }
        //注册监听
        btnSend.addActionListener(new ActionListener() {

            @Override
            public void actionPerformed(ActionEvent e) {
                // 获取用户输入读文本
                String strName = txtName.getText();
                String strMsg = txtSend.getText();
                if(!strMsg.equals("")) {
                    //通过输出流将数据发送给服务器
                    pWriter.println(strName+"说:"+strMsg);
                    pWriter.flush();
                    //清空文本框
                    txtSend.setText("");
                }
```

```
            }
        });
        //启动线程
        new GetMsgFromServer().start();
    }
    //接收服务器读返回信息读线程
    class GetMsgFromServer extends Thread{
        @Override
        public void run() {
            // TODO Auto-generated method stub
            while (this.isAlive()) {
                try {
                    String strMsg = bReader.readLine();
                    if(strMsg != null) {
                        //在文本域中显示聊天信息
                        txtContent.append(strMsg + "\n");
                    }
                    Thread.sleep(50);
                } catch (Exception e) {
                    // TODO Auto-generated catch block
                    System.out.println("cccccccccccccccccc");
                }
            }
        }
    }
    public static void main(String[] args) {
        //创建聊天室客户端窗口实例,并显示
        new ChatClient().setVisible(true);
    }
}
```

典型工作环节4　测试项目

打开“简易网络聊天室”项目文件,执行该程序,项目代码运行正确,运行效果如图6-13所示。

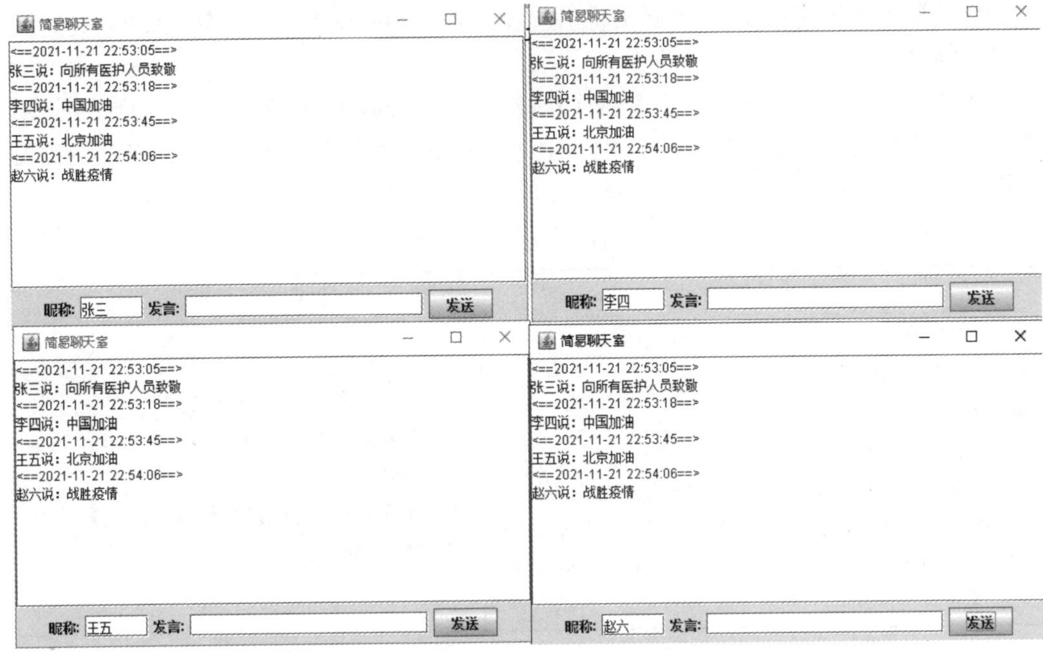

图6-13　测试“简易网络聊天室”项目结果

【知识拓展】

拓展1　application/x-www-form-urlencoded字符串

application/x-www-form-urlencoded字符串是一种编码类型。当URL地址里包含非西欧字符的字符串时，系统会将这些字符转换成application/x-www-form-urlencoded字符串，表单里提交时也是如此。然而，在向服务器发送大量的文本、包含非ASCII字符的文本或二进制数据时，这种编码方式效率很低。这个时候就要使用另一种编码类型“multipart/form-data”，比如在做上传的时候，表单的ectype属性一般会设置成“multipart/form-data”。Browser端<form>表单的ENCTYPE属性值为“multipart/form-data”，它告诉我们传输的数据要用到多媒体传输协议，由于多媒体传输的都是大量的数据，所以规定上传文件必须是post方法，<input>的type属性必须是file。

比如在浏览器的地址栏里看到这样的字符串%E6%96%87%E6%A1%A3，这就是被编码后的字符串。

拓展2　字符编码的规则

通常如果一样东西需要编码，说明这种东西并不适合传输。原因多种多样，如Size过大，包含隐私数据。

对于URL来说，之所以要进行编码，一个是因为URL中有些字符会引起歧义。 例如URL参数字符串中使用key=value键值对这样的形式来传参，键值对之间以“&”符号分隔，如/s? q=abc&ie=utf-8。如果参数value字符串中包含了“=”或者“&”，那么势必会造成接收URL的服务器解析错误，因此必须将引起歧义的“&”和“=”符号进行转义，也就是对其进行编码。

另外，URL的编码格式采用的是ASCII码，而不是Unicode(包含中文)，这也就是说不能在URL中包含任何非ASCII字符，例如中文。否则如果客户端浏览器和服务端浏览器支持的字符集不同的情况下，中文可能会造成问题。编码及解码的规则见表6-11。

表6-11 编码及解码规则

编码的规则	解码的规则
● 字母字符 "a" ~ "z"和"A" ~ "Z" 保持不变 ● 数字字符 "0" ~ "9" 保持不变 ● 特殊字符“.”“-”“*”“_”保持不变 ● 空格字符“ ”转换为一个加号“+” ● 所有其他字符都是不安全的，因此首先使用一些编码机制将它们转换为“一个或多个”字节，然后每个字节用一个包含 3 个字符的字符串“%xy”表示，其中“xy”为该字节的两位十六进制表示形式	将把“%xy”格式的子序列视为“一个字节”，其中 “xy”为 8 位的两位十六进制表示形式。然后，所有连续包含一个或多个这些字节序列的子字符串，将被其编码可生成这些连续字节的字符所代替

拓展3　URL参数的转码与解码

当URL地址里包含非西欧字符的字符串时，系统会将这些非西欧字符按转码规则转换成特殊字符串，那么编码过程中可能涉及将普通字符串和这种特殊字符串的相关转换，这就需要使用URLDecoder和URLEncoder类。

URLDecoder类包含一个decode(String s，String encoding)静态方法，它可以将看上去乱码的特殊字符串转换成普通字符串。

URLEncoder类包含一个encode(String s，String encoding)静态方法，它可以将普通字符串转换成application/x-www-form-urlencoded MIME字符串。

【例6_8】 字符串参数的转码与解码。

```
public class Demo{
    public static void main(String [] args) {
        try{
            String strTest = "?=abc?中%1&2<3,4>";
            System.out.println("原始字符串:"+strTest);
            strTest = URLEncoder.encode(strTest, "UTF-8");
            System.out.println("编码后字符串:"+strTest);
            strTest = URLDecoder.decode(strTest,"UTF-8");
            System.out.println("解码后字符串:"+strTest);
        }catch(UnsupportedEncodingException e){}
    }
}
```

运行效果如图6-14所示。

```
原始字符串：?=abc?中%1&2<3,4>
编码后字符串：%3F%3Dabc%3F%E4%B8%AD%251%262%3C3%2C4%3E
解码后字符串：?=abc?中%1&2<3,4>
```

图6-14　例6_10运行效果

参考文献

[1] 杨晶晶.Java程序设计[M].北京:清华大学出版社,2018.
[2] 沈泽刚.Java程序语言设计[M].3版.北京:清华大学出版社,2018.
[3] 耿祥义,张跃平.Java面向对象程序设计[M].3版.北京:清华大学出版社,2020.
[4] 赵生慧,徐志红,袁琴,等.Java面向对象程序设计[M].3版.北京:清华大学出版社,2020.